大学生创新思维训练教程

主　编　罗　琴　段御宇　顾建莉
副主编　杜明璇　刘　坤　蔡忻明
参　编　付晓燕　刘　凡　朱晓涵　张多朋　鲜红梅

机械工业出版社

本书立足于创新创业的时代背景，旨在培养新时代的创新创业人才。本书将创新创业实践案例与系统理论相结合，并使用较大篇幅介绍大学生创新创业竞赛相关内容及参赛训练教程。本书包括创新精神与创新思维、创业意识与创业环境、创新技法与创业资金筹措、创业透析、大学生创新创业的主要竞赛、创业计划书、项目的 PPT 与视频制作、项目的路演训练等 8 章，层层递进，引领学生逐步学习和提升自身的创新思维和创业意识。本书具有较强的可读性和可操作性，可作为高等院校创新创业课程的教材。

图书在版编目（CIP）数据

大学生创新思维训练教程 / 罗琴，段御宇，顾建莉主编. -- 北京：机械工业出版社，2025. 8（2026. 2 重印）. -- ISBN 978-7-111-79002-0

Ⅰ. B804. 4

中国国家版本馆 CIP 数据核字第 20259RP091 号

机械工业出版社（北京市百万庄大街 22 号　邮政编码 100037）

策划编辑：张雁茹　　责任编辑：张雁茹

责任校对：赵玉鑫　李可意　景　飞　　封面设计：张　静

责任印制：郜　敏

河北虎彩印刷有限公司印刷

2026 年 2 月第 1 版第 2 次印刷

184mm×260mm · 10 印张 · 268 千字

标准书号：ISBN 978-7-111-79002-0

定价：49. 90 元

电话服务　　网络服务

客服电话：010-88361066　　机　工　官　网：www. cmpbook. com

010-88379833　　机　工　官　博：weibo. com/cmp1952

010-68326294　　金　书　网：www. golden-book. com

封底无防伪标均为盗版　　机工教育服务网：www. cmpedu. com

前 言

党的二十大报告指出："青年强，则国家强。当代中国青年生逢其时，施展才干的舞台无比广阔，实现梦想的前景无比光明。"近年来，我国在载人航天、探月探火、深海深地探测、超级计算机、卫星导航、量子信息、核电技术、大飞机制造、生物医药等领域都取得了重大成果，并进入了创新型国家行列。党的二十大报告强调，完善科技创新体系，坚持创新在我国现代化建设全局中的核心地位，必须坚持科技是第一生产力、人才是第一资源、创新是第一动力，深入实施科教兴国战略、人才强国战略、创新驱动发展战略，开辟发展新领域新赛道，不断塑造发展新动能新优势。2024 年 1 月，习近平总书记在中共中央政治局第十一次集体学习时强调，发展新质生产力是推动高质量发展的内在要求和重要着力点。而新质生产力的显著特点正是创新。

本书立足于创新创业的时代背景，响应科教兴国战略，是为解决大学生"恐创业难创新"的问题、促进大学生创新创业而编写的。本书贯彻《高等学校课程思政建设指导纲要》精神，构建了扎实的理论体系，并将其更广泛地与实际工作、生活紧密结合。本书尝试促进创新创业教育的教学模式和教学方法的改革，以学促创、以创促新，旨在培养素质高、创新创业能力强的大学生。本书具有以下鲜明的特色：

1. 素质教育引领，正确价值引导

本书坚持贯彻立德树人的根本任务，将创新创业精神、创新能力培养与中华民族伟大复兴紧密结合，通过富有时代特征的优秀案例引导并激发学生的使命感和责任感，使学生树立崇高的理想信念与正确的价值观念，在正确的价值引导下成为担当民族复兴大任的时代新人。

2. 知识要点丰富，编排结构严谨

本书的内容建立在编者多年教育实践的基础上，形成了系统性的创新创业理论体系，并结合前沿研究，与时俱进，联系创新创业领域热点和学生的兴趣点，为学生提供专业的创新创业指导，满足各专业的创新创业课程需求。本书共 8 章，层层递进，步步引领，助力学生创新思维与创业意识的培养和提升。

3. 典型案例启发，理论实践结合

本书附有大量真实且典型的案例，具有很强的可读性和参考性，学生可以从中获得感悟和经验教训。

4. 紧密贴合大赛，竞赛针对性强

本书详细介绍了创新创业大赛的类型、背景、意义及特性，深入解析大赛项目的评审标准，评审要点以及诊断与改进方法，重点围绕大赛创业计划书、PPT 和视频等参赛材料做了深入剖析，并对路演的准备工作、关注要点、凸显维度以及技巧与后期完善等内容进行了解读。

本书由罗琴、段御宇、顾建莉担任主编，杜明璇、刘坤、蔡忻明担任副主编，付晓燕、刘凡、朱晓涵、张多朋、鲜红梅参编。

由于编者水平有限，书中难免存在不足之处，恳请读者批评指正。

编　者

目　录

第一章

创新精神与创新思维

素养目标

1. 培养创新精神和创新思维，理解创新在社会发展、个人成长中的重要意义。
2. 培养严谨的思维方式和实事求是的态度。
3. 明白创新应符合社会道德规范和人类发展需求。

学习目标

1. 能够准确理解创新的概念。
2. 学会运用创新思维方法解决实际问题。
3. 培养创新素养，增强团队协作意识和沟通能力。

案例导读

在科技飞速发展的今天，创新无处不在，深刻地改变着我们的生活和社会。以智能手机行业为例，传统手机市场曾经被全键盘手机主导，诺基亚、摩托罗拉等巨头在缩小键盘、提升屏幕色彩方面不断努力。然而，乔布斯带领苹果公司打破了这一局面。2007 年，第一代苹果手机（iPhone）震撼发布，它摒弃了传统键盘，采用“点控”式操作和电容触控理念，融入多点触控功能，带来前所未有的流畅用户体验，瞬间点燃了消费者的购买热情，彻底改变了手机的发展方向。

这一案例充分展现了创新的巨大力量，它不仅能够颠覆传统行业，创造新的市场需求，还能为企业带来丰厚的商业回报。从苹果手机的创新中，我们可以看到创新的多种形式和类型：它既是产品创新，通过独特的设计和功能满足消费者需求，也是激进式创新，打破了原有的产品设计理念和市场格局。

那么，创新究竟还有哪些形式和类型？创新的灵感从何而来？具备怎样的精神品质才能更好地进行创新？如何培养创新思维？带着这些问题，让我们一起走进本章，探索创新的奥秘，开启创新之旅。

第一节　创新精神

一、创新的概念

创新是近几年出现频率最高的词语之一。到底什么是创新呢？

创新可以是开发新事物的过程，也可以是从新想法 + 创造力到形成新事物的过程。创新既包括从无到有的创造，也包括一切相较既有的东西具有新形式、新内容的东西。所以，广义的创新可以体现为工艺创新、材料创新、市场创新、管理创新，也可以是非技术内涵的创新，如制度创新、政策创新、文化创新等。

创新的形式和类型各不相同，并且在不同事物上又有不同的体现。下文我们将详细阐述各种创新，从而可以更清楚地理解创新的整体意义。

（一）创新的形式

1. 产品创新

在如今的消费市场上，几乎每一款产品都有创新点。

从商业角度来说，产品创新作为产品的卖点，充分调动了消费者的购买欲。这已经是目前企业常用的策略之一。有 3 种常用的创新方式：求异、逆向思维和破坏。

（1）求异　求异就是追求和其他竞品不同的创新思维方式，对象可以是技术含量较高的电子产品，如案例 1-1 中的手机，也可以是体现创意的小商品。

【案例 1-1】

乔布斯对苹果手机的创新

在苹果手机出现以前，我们对手机的认识是，小小的屏幕紧挨着密密麻麻的键盘。无论是诺基亚、三星还是摩托罗拉，对产品创新都体现在如何缩小键盘、如何更好地展示屏幕色彩方面，但苹果公司的出现，确切地说是乔布斯的出现，彻底改变了手机的外形。

2007 年，苹果新品发布会上，乔布斯推出了第一代 iPhone 手机，如图 1-1 所示。

图 1-1　2007 年苹果公司推出的第一代 iPhone 手机

乔布斯在发布第一代 iPhone 手机时曾说：“iPhone 是一款革命性产品，比目前所有手机要领先 5 年。”

乔布斯推出的 iPhone 手机，完全不同于市场上流行的全键盘手机，这款手机通过滑动、点击来控制屏幕，流畅的用户体验震惊了世界，一经推出就点燃了人们的购买热情。

就在诺基亚、摩托罗拉还在思考如何将键盘缩小时，乔布斯用他前所未有的创新意识取消了键盘，采用了更加简洁的“点控”式操作方法。而且为了让手机运行更加流畅，iPhone 首次加入了电容触控理念，并且革命性地将多点触控功能也融入其中。如此多的产品创新点，使 iPhone 手机一跃成为当时最受欢迎的电子产品。

【案例 1-2】

义乌小商品的创新

说到小商品，我国更新速度最快、成交量最高的就是浙江义乌小商品城。在经过质低价廉发展阶段后，如今的义乌紧抓产品创新，如小小的头花也在不断创新，如图 1-2 所示。

图 1-2 中的创新头花，其制作非常简单，只是在固定条外包了一层装饰布，但这就是产品创新的体现。这种头花使用方便、价格低廉，而且还有多种用法。这样的饰品在如今越来越推崇个性、时尚的潮流中深受女性的欢迎。由此可见，只要符合用户需求，只需小小的求异创新，就能打造出具有创新性的产品。

图 1-2　头花

（2）逆向思维　逆向思维是指以现有产品或现有的传统产品为模型进行逆向思考的创新思维方式。

【案例 1-3】

逆向思维趣味题

有四个相同的瓶子，怎样摆放才能使其中任意两个瓶口的距离都相等呢？可能我们琢磨很久还找不到答案。那么，办法是什么呢？原来，把三个瓶子放在正三角形的顶点，将第四个瓶子倒过来放在三角形的中心位置，就可以实现了。把第四个瓶子“倒过来”，这就是典型的逆向思维。逆向思维的核心点是基于用户需求而开启的更深层次的思考。

（3）破坏　破坏是对产品整体进行重构，分解到每一个用户需求点，再进行整合重组的创新思维方式。破坏创新是对现在产品市场不满意的结果，说明没有充分挖掘出用户价值，用户深层次的需求远远不止现在所看见的。

【案例 1-4】

五谷道场的破坏创新

“怎样才能击败强大的竞争对手？”2002 年，中旺集团创始人王中旺上马五谷道场方便面项目时，绞尽脑汁思考这个问题。最后王中旺选定的战略突破点是“非油炸”，不仅颇有想象，而且有反传统的破坏性。

王中旺采取了打破游戏规则、进行破坏创新的策略。在品牌宣传上，王中旺的反传统模式是成功的。2005 年 11 月，五谷道场打出“拒绝油炸，留住健康”的广告，成功地引起广泛关注。但是，也招来了其他方便面企业的声讨，认为五谷道场的广告涉嫌诋毁其他油炸方便面，属于不正当竞争。后来，五谷道场专门修改了广告。

有人认为，五谷道场的“非油炸、更健康”并不是针对方便面买家的真实需求，只是一种虚假需求。同为非油炸即食产品的白家方便粉丝公共关系部主任胡远强认为，“非油炸”可以是一个营销概念，但当作一个核心卖点就走错了，方便食品最打动消费者的不是营养安全，而是方便和充饥。但是，五谷道场破坏性的反游戏规则的创新，在当时看来，是颇有效果的。

2. 服务创新

服务创新表现为新的服务应用，它和产品创新一样重要，却常常被忽视。服务创新通常体现为用一种新的方式提供服务，如通过一种完全不同的服务模式，有时甚至能创造出一项崭新的服务内容。

【案例 1-5】

“直线”电话保险业务

“直线”电话保险业务是服务创新的一个例证。早期，保险业务是通过门店、上门推销、邮递或保险经纪人推广等方式来拓展业务的。但是，“直线”电话保险业务的创始人彼得·伍德意识到，只要有合适的在线服务（如互联网或保险求救电话），就完全可以把成本高、见效慢的中间过程精简掉，直接在电话中与客户交易。因此，在国外普及程度较高的电话保险业务，在国内也逐渐普及开来。首次使用“电话业务”的是移动话务服务业，他们通过电话与客户直接沟通，进而推销商品。

其实，在很多时候，差别并不在于资金和硬件能力，更多的是头脑中的创意。有创新意识，才能找出适合企业自身的创新服务举措，从而使企业不断焕发出蓬勃的生命力。

3. 工艺创新

工艺创新对社会的影响是极其重大的，如瓦特发明了蒸汽机，但是由于蒸汽机汽缸等精密零件的加工精度达不到要求，无法推广应用。一直到镗床的出现，才提升了精密汽缸的加工工艺，使蒸汽机的大批量生产成为可能，使蒸汽机进入实用阶段，从而引发了第一次工业革命。

【案例 1-6】

我国不可取代的定型工艺

昆仑机械厂（现西安昆仑工业（集团）有限责任公司）被称为我国电解加工的发源地。20 世纪 50 年代电解加工在国外开始兴起，昆仑机械厂当时的总工程师获悉后敏锐地看到该新工艺解决军工生产中加工难问题的可能性，立即组织了强有力的试验班子，并在全厂范围内为之开绿灯。在没有图样、缺乏资料的条件下开始创新。试验班子的技术员和工人吃在车间、睡在车间，夜以继日地奋战，完成设备改装后很快投入应用研究，一举拿下深孔抛光、膛线、花键一次成型的新工艺。他们研制的三面进给阴极还获得了 3 项国家发明奖。

然而，因为产品图样是按传统的机械加工设计的，膛线槽型是尖棱尖角的，而电解加工的结果是槽底圆滑过渡。尽管从消除应力集中等方面看绝对是合理的，但是军工产品的检验必须严格按图样执行，所以产品难以通过验收，这位总工程师及厂领导班子继续坚定支持这项新工艺，坚持做寿命试验和其他性能试验，结果证明电解加工膛线的炮管明显优于传统机械加工，经过反复试验，终于得到了验收方的认同，列入正式工艺。

此后，电解加工很快在全国推广，成为兵器、航空、航天、动力工业某些关键零件加工中不可取代的定型工艺。

通过此例可以看出，尽管工艺创新的知名度没有产品创新、服务创新高，但能对社会产生重大影响，提升生产力。

今天，类似的生产革新还在继续，如电子商务的普及大幅减少了纸质文件和文字操作的需要。尤其像航空公司和保险公司，会对网上订购的客户提供折扣优惠，因为网上交易意味着减少用纸、节约人力和物力成本。

（二）创新的类型

创新可以是巨大的改变，也可以是更趋完善的改进。其中一种区分的方法就是根据变革的程度把创新分成激进式创新和渐进式创新。

但是，只用这两种类型来区分并不能精确地描绘出各种创新间微妙的差别。尤其是这种分类法不能显示出创新中的“新”意。为此，亨德森和克拉克采用了一种更为复杂的分析方式。该分析的框架核心就是将产品作为一个系统，然后由各个组件配合而成，例如，钢笔＝笔头＋墨水管＋笔杆＋笔帽，由此可知系统各个部分的相互作用。

亨德森和克拉克还指出，制造一个产品一般需要两种完全不同类型的知识：一是组件知识，如了解每个组件如何在产品整体系统中发挥功效，这些知识构成了组件的“核心设计理念”；二是系统知识，如了解如何将组件融合和连接在一起，这些知识涉及系统是如何运作的，以及各个组件是如何配置在一起工作的，亨德森和克拉克将它称作“结构知识”。

亨德森和克拉克根据组件知识和系统知识的区分，把创新分成四种类型，见表1-1。

表1-1　创新的四种类型

创新类型	组件	系统
渐进式创新	改进	未改变
激进式创新	新	新配置/新构造
模组创新	新	未改变
建构创新	改进	新配置/新构造

1. 渐进式创新

渐进式创新是将现有的设计在组件上精益求精，再做改进。很重要的一点是只做改进，不做改变，即组件没有发生很大的变化。克里斯坦森是这样定义渐进式创新的：改变是在结构不变的基础上，运用企业的专长在组件技术上做进一步提高。

渐进式创新是最为常见的创新，知识不断增长，原料不断变化，产品和服务会越来越好。但是，这种创新改变的只是组件，而不是系统本身。

【案例 1-7】

腾讯 QQ 的渐进式创新

腾讯 QQ 是目前我国使用非常广泛的即时聊天软件之一。腾讯公司成立于 1998 年 11 月 11 日，1997 年，马化腾接触到国外的一款名为 QICQ 的软件，几经改进，于是有了今天的 QQ 软件，如图 1-3 所示。

从 QQ 软件第一个版本到现在，腾讯发布了数百个 QQ 软件版本，这其中当然有大的重构和功能的革新，但更多的是遍布在小版本中的渐进式创新。

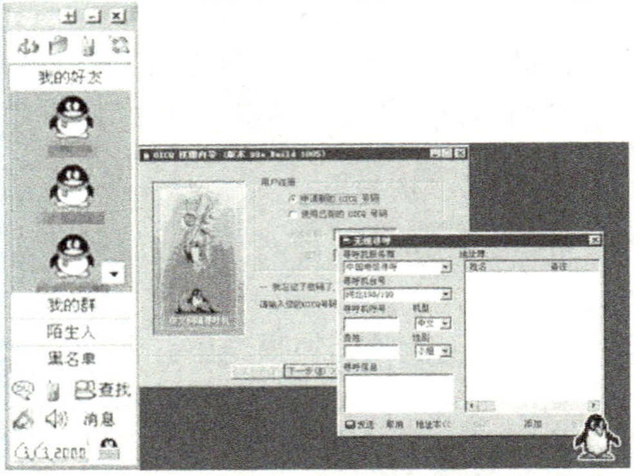

a) 1999版QICQ软件

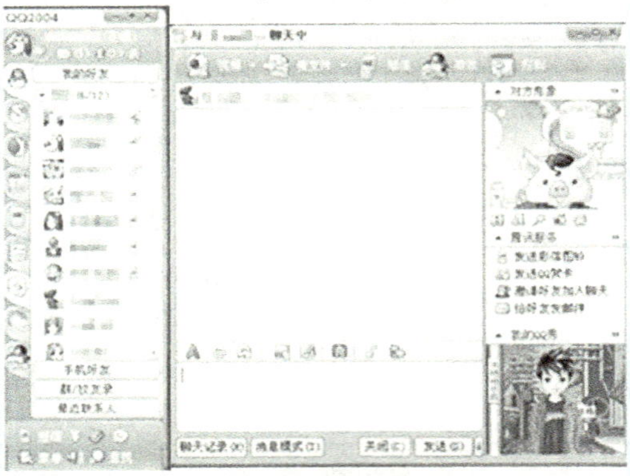

b) 2004版QQ软件

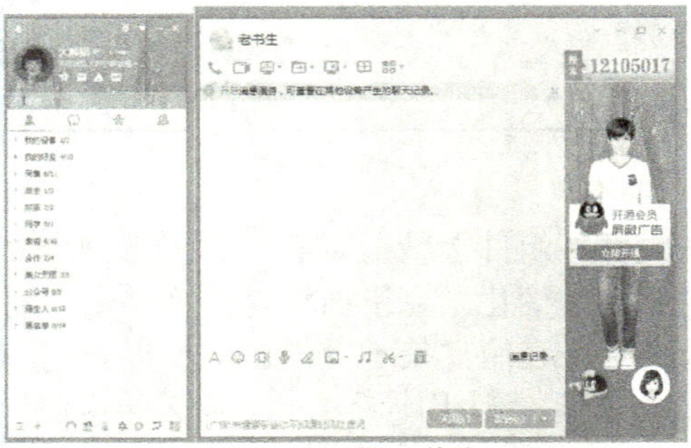

c) 2017版QQ软件

图 1-3　QQ 软件版本的变化

2. 激进式创新

激进式创新不是只对现有的设计进行改良，而是完全诞生一个新的设计，用更好、更全的组件进行全新的配置，亨德森和克拉克是这样描述激进式创新的：激进式创新创造了一个新的主导设计，其中融入了一套全新的设计理念，形成了全新的结构。

激进式创新的比例相对较小，可能只有 10% 的创新属于激进式创新。激进式创新常常伴随着新技术的出现而出现，见表 1-2。

表 1-2　激进式创新

激进式创新	技术	对社会的影响
电话	电信	大众通信的新方式
喷气式飞机	喷气式发动机	交通出行的新方式
电视	传播技术	更形象、易接受的传媒技术
个人计算机	微处理器	全面改变各行各业的新技术

由表 1-2 可见，有些时候激进式创新能够带来翻天覆地的巨大变化。

激进式创新是破坏性的改变，是一种颠覆式的创新，会创造出前所未有的、令人难以想象的新事物。所以，在历史上这种创新会让既定的规则制定者感到恐惧，然后竭力压制这种创新，但是要想让社会和经济保持活力，这种创新是必不可少的。

3. 模组创新

模组创新仍然沿用产品系统中原有的结构和配置，但更换了新的设计思路。模组创新与渐进式创新有相似之处，都是不完全改变现在的设计，只在部分组件上做出更新，但模组创新的最大特点是采用了新的组件，甚至采用新的科技。运用新科技到新组件上，并改变运行方式，但大的系统结构或配置并未发生变化的，即可以认为是模组创新。

4. 建构创新

亨德森和克拉克指出：建构创新是将原有系统中的组件进行重新整合，用一种新的方式将这些组件集成在一起。这并不是说组件一点也不发生改变，但变化不会太大，而且仍旧还像往常一样发挥它们应有的性能，只是在一个新的设计和新的配置系统中工作。

【案例 1-8】

随身听的创新

1979 年 3 月，索尼公司制造出世界上第一台随身听便携磁带播放器，如图 1-4a 所示。

a) 世界上第一台随身听　　b) 索尼公司推出的Discman随身听　　c) SAEHAN公司推出了世界上第一台MP3播放器MPmanF10

图 1-4　随身听的变革

随身听的出现不仅标志着便携式音乐理念的诞生，更推出了耳机文化，从创新类型上讲，这属于激进式创新，是一种从无到有的过程。

到了 1984 年，索尼公司又推出了 Discman，这是以数字录音方式出现的便携式 CD 播放器，如图 1-4b 所示。这种全新的录音方式在音质方面可以说是无人能及的，对于当时的人们来说，很难想象原来 CD 播放器也可以体积这么小。

相比之前的产品，索尼公司此次的更新可以说是建构创新。索尼公司仍在此类产品的基础上研发新产品，但创新并不等人。1998 年，韩国 SAEHAN（中文称为世韩）公司推出了世界上第一台 MP3 播放器 MPmanF10，如图 1-4c 所示。MP3 播放器的设计创意来自 MD 随身听，不过它摆脱了传统的机械式结构，在存储介质上选择了拥有更多发展潜能的闪速存储器。

此后，MP3 霸占了随身听市场，而消费者则为这种音质出众、外形靓丽、功能强大的新时代随身听所倾倒。

需要注意的是，这四种创新没有一种与其他类型有着严格区分，它们之间有一定交叉重叠的部分存在。

【小贴士】

如何培养创新精神与创新思维

1. 保持好奇心

1）多问为什么：像孩子一样，对周围的事物保持疑问。例如，当看到一种新的产品设计，思考它为什么要这样设计，是否有更好的方式。

2）探索新领域：主动去了解不同行业、不同学科的知识。例如，如果你是一名程序员，可以去了解一些艺术设计或心理学方面的内容，拓宽视野。

2. 敢于质疑

1）不盲目跟从：对于现有的观点和方法，不要轻易全盘接受。例如，在工作会议中，大家都认同的方案，你可以思考是否存在潜在问题。

2）挑战传统观念：在传统观念认为某些事情不可能做到时，思考是否真的如此。例如，过去人们认为远距离通信只能依靠书信，但有人敢于质疑这一观念，最终推动了电话的发明。

3. 善于观察

1）关注细节：生活中的细节往往能激发创新灵感。例如，观察到人们在雨天打伞时不方便拿东西，就有可能发明出一种带有置物袋的雨伞。

2）发现需求和问题：注意身边人的抱怨和困难，这可能是创新的突破口。例如，发现上班族抱怨午餐选择少，就可以考虑创新的餐饮配送服务或工作区餐饮解决方案。

4. 积累知识和经验

1）广泛阅读：阅读各种书籍、文章，包括科技、文化、历史等多个领域，积累素材。例如，阅读科幻小说可以启发对未来科技的想象。

2）学习他人经验：了解其他创新者的成功案例和失败教训，从中获取灵感。例如，研究爱迪生发明电灯的过程，学习他面对无数次失败而坚持创新的精神。

5. 勇于尝试

1）不怕失败：把失败看作学习和成长的机会。例如，当你尝试开发一个新的软件功能却出现很多问题时，不要气馁，而是分析问题，寻找改进的方向。

2）跨出舒适区：尝试新的技术、新的工作方式或新的创意表达。例如，习惯了传统绘画方式的人可以尝试用数字绘画工具进行创作。

6. 培养联想能力

1）建立联系：把看似不相关的事物联系起来。例如，将汽车的自动驾驶技术和物流运输行业联系起来，想象如何实现自动物流配送。

2）类比思考：用一个领域的原理类比另一个领域。例如，将生物界的共生现象类比到商业合作中，思考如何实现企业间的互利共赢。

二、创新的来源

彼得·德鲁克在其《创新与企业家精神》一书中，指出了大多数有效的创新并非来自突发奇想，而很可能是有规律和方法可循的，并且提出了关于创新的七个来源。

（一）意外事件

意外事件是世界上很多著名创新的来源。但是，意外事件也只是创新的一个成因而已。意外事件之所以创造了伟大的创新和发明，还得益于那些在意外事件发生过程中认真观察、勤于思考的人。我们可以把意外事件看成是一个可能孕育千里马的草原，但是最终能否产生好的结果，还需要能识得这些千里马的伯乐。

【案例 1-9】

意外发明人造尼龙

在我们的身边，用尼龙材料加工制作的物品随处可见。尼龙袋、尼龙布、尼龙袜、尼龙蚊帐、尼龙窗帘等，应有尽有。然而尼龙完全算得上是一项偶然的发明。

20 世纪 30 年代初，美国有一位名叫卡罗瑟斯的化学家。他起先在著名的哈佛大学任有机化学教师，33 岁时应聘到杜邦化学工业公司的研究所任基础部负责人。卡罗瑟斯富有想象力，勤于动手，其刻苦钻研的精神有口皆碑。

1932 年夏季的一天，卡罗瑟斯像往常一样穿着白大褂早早来到自己的实验室。细心的他注意到一根玻璃棒的尖端粘有乳白色的细丝，这是上一次实验时未清洗掉的残渣形成的。卡罗瑟斯十分好奇地用力拉了拉这根细丝，发现它不但能够伸长，而且强度还很大。

这时候，卡罗瑟斯的脑子里闪出一个念头：是不是可以把以前实验失败了的聚酰胺再加以利用呢？于是他将这种本来很有可能作为废料处理的化合物重新拿出来加热，然后扯成细丝，看能否制造人造丝。1935 年，卡罗瑟斯成功地将这一设想变成了现实，被称为“尼龙”的人造丝终于发明成功。杜邦公司立即组织力量生产尼龙，迅速占领了市场。

如果卡罗瑟斯忽视失败，将生成物丢进垃圾桶并重新开始实验，那么也许尼龙就不会那么快问世了。传说爱迪生的很多发明都来自一些突发情况；牛顿也是从苹果落地的现象中发现了万有引力定律。意外事件往往因为改变了周围的变量因素，而让某种新的理论、新的事物展现出来，如果能够抓住它，就可以走上创新之路。

（二）不协调事件

人类的很多发展和创新都是因为不协调所激发的。当流程或需求与现实状况产生巨大的不协调的时候，人们就会努力思考如何解决。与意外事件不同，以不协调事件为来源的创新主要是一种被动的、以事件为中心的创新方式。

（三）程序需要

与不协调事件相似，程序需要作为创新来源往往也是为了解决某些问题。关键的不同点在于，不协调事件的核心围绕某一事件，而程序需要则主要面对一个需要去完成的任务。换句话说，不协调事件激发人们去创新以解决这些不协调事件，而程序需要则是通过某些预测或推论提早发现问题，并迫使组织创新，为发展铺平道路。

（四）产业和市场结构

产业和市场结构发生变化往往会促使创新的出现，反过来针对市场和产业结构的创新，改变现有格局也是一种创新的有效方式。

【案例 1-10】

被拉下神坛的汽车行业

20 世纪初期，汽车一直是消费品中一个非常重要的角色。很多消费者对其充满兴趣，而企业也加快了产业革命以设法生产更多的产品并销售出去，从而获得更多的利润。在这样的产业背景下，一些企业家已经敏感地预测到，在此后的一段时间里汽车将逐渐变成并非富裕阶层所独有的产品，而是越来越大众化。针对这种趋势，不同的企业创新出了不同的概念或解决方案，并因此取得成功。

罗尔斯·罗伊斯公司的创始人在意识到上述趋势时，决定只生产高端轿车以应对这一局面。这样到汽车大众化的局面到来的时候，他们的产品将变得独一无二。罗尔斯·罗伊斯公司决定只生产那些高端汽车，面对产业的变化反其道而行，故意保留那种老式的技师型的生产方式，尽可能用全手工的方式打造最出色的轿车，保留古老的工艺。与此同时，他们创造了一种新的销售方式以提升产品的高档感。他们要求，罗尔斯·罗伊斯公司生产的轿车只能由他们自己培训出来的、专门的、有资格的驾驶人员驾驶。也就是说，购买轿车的同时，用户也必须“购买”一个司机。罗尔斯·罗伊斯公司认为，其产品的使用者如果没有雇佣高级驾驶员的能力，自己驾驶汽车则降低了汽车的高档感。同时，罗尔斯·罗伊斯公司利用价格策略尽可能地屏蔽中低层次的汽车购买者，将汽车的价格定得和当时的小型游艇一样，以此确保购买者都是绝对的富裕者。这样的经营策略使其产品成为身份的象征，从而取得了巨大的成功。

罗尔斯·罗伊斯公司生产的轿车品牌是劳斯莱斯。该公司在 1971 年破产，在 2003 年被纳入德国宝马旗下，即使经历了这么多的坎坷，劳斯莱斯依然是高端轿车品牌的典范。

同样面对汽车平民化的趋势，福特汽车公司选择了完全不同的营销模式。亨利·福特打算迎合这一趋势，加快汽车的大众化进程。福特汽车公司首先需要从汽车生产的资源方面入手。在过去，汽车生产除去原材料之外，非常重要的一个因素是生产汽车的技师。需要这些技师非常专业，全面了解汽车的制造过程和方法。一位优秀的技师不但很难找，而且雇佣成本很高。此外，培养专业技师的时间成本也非常高。亨利·福特的创新在于采用了大量的半专业技师，只要求他们对生产汽车的某一个特定环节熟悉，而通过多个半专业技师的通力合作来生产一辆成品轿车。这就是流水线汽车生产的最初形态。事实证明，这种做法的确取得了巨大的成功。

（五）人口统计数据

人口统计数据不仅仅是人口的总量和规模，人口的总量并不与特定行业的商业需求发生直接作用，人口的组成成分，如年龄结构、人口变化等，比人口总量更重要。其中，人口变化包括受教育的情况、就业的情况、收入的情况。在收入中特别应该重视可支配收入——有一些开支是固定的，如住房费用、伙食费、交通费等，是不可节省和挪用的生活成本，而可支配收入就是有多余的钱可以用来满足自己的兴趣，如旅游、教育等。如果某一个年龄层，可能会是人数最多的、收入最多的或可支配收入最多的，这个年龄层的心态、观念、行为习惯使他们偏好某一方面的消费，那么提供这方面的产品或服务就成为重大的创新机会。

（六）认知的变化

德鲁克在讲从认知的变化中寻找机会时，告诫我们注意区分什么是真正影响未来的趋势，什么只是一时流行的时尚。如果错把时尚当成趋势，当把某种创新成果推向市场时，时尚的风潮已经过去了，那么付出的努力就会白费。因此，对正在发生的变化既要敏感和及时行动，以免错失时机，又要细心观察，避免误判。面对鉴别认知这种不确定的变化时，他的建议是创新要从小开始，从具体的一点开始，得到验证之后，再扩大规模。

（七）新知识

新知识，特别是科技知识带来的创新，正是人们通常所意会和谈论最多的创新，最为引人注目。

新知识的第一个特点是时间跨度长，因为它要经历从知识的发明到变成应用技术，最后被规模化和市场化的过程。第二个特点是通常需要几种不同的知识聚合在一起，才能完成一个创新。如果某项创新所需要的知识不齐备，创新的时机就尚未成熟，需要等待，直至所缺的知识得以补充完善。第三个特点是市场接受度不确定。别的创新都是利用已经发生的变化，创新者自己并不制造变化，他要满足的是已经存在的需求。唯独知识创新本身就是在引起变化，它必须自行创造出需求，所以风险很大，没有人可以预见使用者对它是接受还是排斥。由此可见，新知识是最耗费时间和资源，同时难度大、风险高的创新来源。

三、创新精神的构成要素

精神是人在与外部世界的交往中产生的各种心理反应，它可以调节和控制人的行为，从而影响和改变外部世界。因此，可将创新精神定义为人在创新活动中反映出来的精神素质，包括意识、思维、情感、意志和个性等。创新精神可以为创新活动提供动力和具有导向作用的非智力性心理品质，如勇于开拓新世界、不断探索、不怕风险和失败等，最终影响和决定创新活动的结果。

创新精神从结构上可以分解为五个要素，如图 1-5 所示。

（一）创新意识

创新意识是以创新为荣、推崇创新、追求创新的观念，反映了创业者对于创新的认知水平和自觉、主动创新的倾向。创新意识可以分为三层：

一是创业者对创新的意义、性质等有充分的认知。

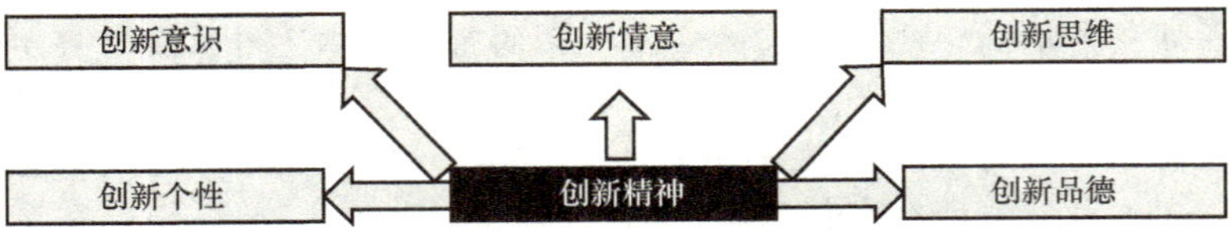

图 1-5　创新精神的构成要素

二是创业者在认知基础上产生对创新的渴望和需求。

三是创业者从对创新的意识渴求升华为行动渴求，进而产生创新动机。

因此，创新动机表现为强烈的求知欲、好奇心和创造欲，使创业者体现出敢想敢干、不愿墨守成规、不安于现状、勇于质疑等特征。

（二）创新情意

所谓创新情意，是指创新的情感意志，反映了人们想创新、喜欢创新、乐于创新的情感和敢于创新、不怕困难、百折不挠、把创新活动进行到底的意志。创新情意是创新行为产生和维持的保障机制，是在创新活动中不断形成和发展的。不管是普通人还是企业，都希望自己能拥有持续的创意情意，如“追求卓越”是 IBM 公司的三大理念之一，而通用电气公司则以“进步是我们最主要的产品”为基本理念。

（三）创新思维

创新思维是在强烈的创新意识的驱使下，通过综合运用各种思维方式，对头脑中的知识、信息进行新的思维加工组合，形成新的思想、新的观点、新的理论的思维过程。

（四）创新个性

创新个性在心理学中又称为创造性人格，是指具有创新活动倾向的各种心理品质的总和。典型的创新个性包括挑战性、自信心、灵活性、敏感性、冒险性和独立性六种特质。一般多体现在如下几个方面，如图 1-6 所示。

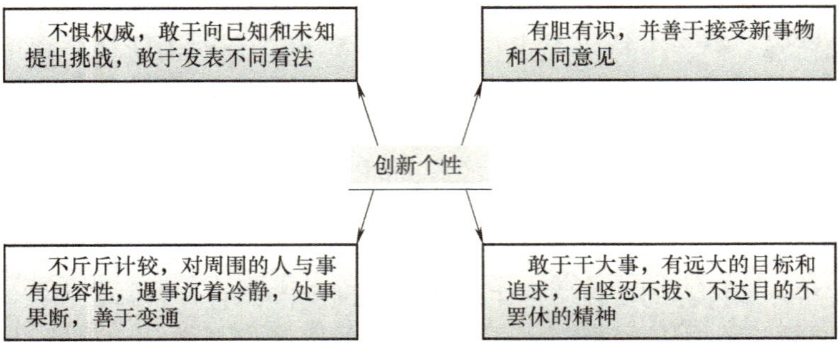

图 1-6　创新个性的体现

（五）创新品德

创新品德是指人从事创新活动所必须具备的道德品质。创新、创造活动与创新品德息息相关，现实的创新需要正确的品德来指导，否则，创新活动及其结果不仅难以产生积极的社会效益和社会价值，还有可能给社会、给人类带来危害甚至灾难。

以上五个构成要素之间相互依存、相互影响、相互促进，构成完整的创新精神概念。创新意识给人提供创新的内部动机和动力。创新情意使人乐于创新、敢于创新，并在创新遭遇阻碍时不放弃，坚持到底。创新思维使人善于发现创新点，以创新的方式解决问题。创新个性可以增强人格魅力，使人善于创新。创新品德则使人正确创新，使创新合乎人的正确需要。

四、创新精神的内涵

创新精神的表现形式多种多样，我们将以创新实践过程中的行为倾向来解释创新精神。

（一）质疑、批判精神

创新是对现存事物的改革与超越，因此，创新首先需要具有质疑、批判精神。

1. 质疑

质疑是敢于对一切已知或未知的领域结合自己的独立思考提出质询和怀疑。它要求人们凡事都要问为什么，绝不盲信盲从。正如古人所云：学贵知疑，小疑则小进，大疑则大进。

2. 批判

批判是指在质疑的基础上，敢于有根据地对现有知识或结论进行批驳与评判，敢于向权威和陈规挑战。一个人云亦云、唯书唯上的人，只能是一个平庸的人。但是，科学的质疑、批判精神并不是简单地怀疑一切、否定一切。质疑和批判的目的其一在于要从熟悉的现象进入未知的领域，从而获得新知，发展真理；其二在于去伪存真，把原本不正确的观念纠正过来。

（二）科学精神

科学精神是一种敢于坚持科学思想的勇气和不断探求真理的意识。它作为一种实事求是的精神，要求人们在从事各种创造性活动时把认识建立在符合客观实际的基础上，依据事实、实验、实践作出判断；把行为建立在符合客观规律的基础上，不以想象、偏好、愿望来代替现实可能；把实践的效果作为判定认识的真与假，以及创新的对与错的标准，而不是由创新者来说明。

科学精神是创新的基石，虽然不能保证人们的创新不犯错误、事事成功，但可以保证减少错误，提高成功的概率。违背科学精神的创新，只能导致创新的失败。科学精神是创新精神的内在规定性，这种规定形成了创新精神的客观性约束，成为创新者判断是否创新、创新能否成功的决定性因素。

（三）开拓精神

创新意味着开拓，意味着进入新的领域，走前人没有走过的路，做前人没有做过的事。面对未知的空间，只有开拓才能进入，只有开拓才有可能创新。开拓精神是一种创造精神，开拓的过程就是创造的过程，即创造出新的方法、新的产品、新的事物。

开拓精神表明了创新者不自满的心态，即使取得了一定的成就，达到了一定的高度，也总是把目标定在没有攀登过的高峰上，总是要不断打破纪录、挑战极限。

（四）冒险精神

创新的过程，需要面对很多不确定的因素，因此，创新需要具备冒险精神。我国经济学家樊纲将创新精神看作是冒险 + 理智，并用定量的方式判断企业家身上 60% 是冒险，40% 是理性。而如果冒险精神降到 20%，理智成分上升到 80%，就变成了学者。冒险精神主要体现为在创新过程中追求成功，不怕失败，并在失败的可能中谋求成功，乐于冒险又能理性地对待风险、控制风险，敢于承担失败的代价，并以必要的代价换取利益。正如 2007 年 4 月比尔·盖茨在清华大学演讲时说的：“经商的部分乐趣就在于没有人可以向你保证未来怎么发展。这可不像可口可乐，这种10多年来最受欢迎的饮料，也许在20年内它还是最受欢迎的饮料，如果你喜欢那种预测的话，软件领域可不适合，因为微软不断成功的关键就在于它总是冒着巨大的风险，同时面对大量竞争，面临客户的大量需求。软件行业这种不确定性，在未来将驱使我们不断前进。”

（五）商业精神

创新有着明确的价值目标与功利追求，那就是创造出新的财富、新的效用，以满足人类与社会的需要。

创新的成果需要通过商业活动来实现，因此商业精神也是创新的重要内涵。第一，创新不是简单的标新立异，不是刻意地附和时尚，而是一种需要进行经济核算的行为，也就是权衡资源的投入、重组、消耗究竟能产出多大的价值，以此作为创新决策的依据。第二，创新通过商业化不仅可以解决市场问题，为顾客创造新的生活方式，还可以为创新者带来巨额商业利润，因此，还包含了一种用新方法赚钱的精神。

【小贴士】

创新精神和创新思维在工作中重要性的体现

1. 提升工作效率

1）优化工作流程：具有创新思维的员工能够发现现有工作流程中的烦琐环节或不合理之处。例如，一家制造企业的员工通过创新思维，引入自动化设备来代替部分人工操作，简化了生产流程，大大缩短了产品的生产周期，提高了生产效率。

2）创新工作方法：员工可以凭借创新精神找到新的工作方法。例如，在市场营销工作中，有人创新地利用社交媒体平台进行精准营销，改变了过去盲目投放广告的方式，用更少的投入获取了更多的潜在客户，提升了营销工作的效率。

2. 增强企业竞争力

1）产品和服务创新：对于企业来说，员工的创新精神有助于开发出更具竞争力的产品或服务。以科技公司为例，研发人员的创新思维能够推动产品的更新换代。智能手机厂商不断创新，推出折叠屏手机、具有更高像素相机和更强大芯片的手机等，满足消费者日益增长的需求，从而在激烈的市场竞争中占据优势。

2）开拓新市场：创新精神可以引导员工发现潜在的市场需求，开拓新的市场领域。例如，共享经济模式的出现，是企业员工在观察到人们对物品使用的效率和成本有新需求后，开拓出的全新市场。共享单车让短途出行更加方便，共享办公空间满足了创业者和自由职业者的灵活办公需求。

3. 解决工作难题

1）突破传统思维局限：在工作中会遇到各种各样的问题，创新思维能够帮助员工摆脱传统思维的束缚。例如，在建筑设计中，遇到空间利用难题时，具有创新精神的设计师能够突破常规的空间划分方式，采用灵活多变的设计思路，打造多功能可变空间，有效地解决了空间不足的问题。

2）应对复杂多变的环境：市场和行业环境不断变化，创新精神使得员工能够及时调整工作策略。疫情期间，许多餐饮企业的员工创新地推出外卖套餐、无接触配送等服务，帮助企业应对堂食受限的困境，维持经营。

4. 激发团队活力

1）带动团队氛围：具有创新精神的成员可以在团队中起到激励和引导的作用。他们提出的新想法和新思路能够激发其他团队成员的积极性和创造力，营造活跃的团队氛围。例如，在一个创意策划团队中，当有人提出一个新颖的广告创意时，会激发其他成员展开讨论，大家各抒己见，共同完善这个创意。

2）促进团队协作创新：创新思维有利于团队成员之间的协作创新。不同专业背景和思维方式的成员可以通过交流和合作，碰撞出创新的火花。例如，在一个软件开发项目中，程序员、设计师和测试人员可以共同协作，从不同角度提出创新的功能设计、用户体验优化和测试方法改进等建议，提升整个团队的工作质量。

【实践练习】

1. 产品改进类

（1）传统雨伞创新　观察普通雨伞的使用过程，找出至少 3 个可以改进的点，并提出创新的解决方案。

（2）普通书包优化　分析日常使用的书包，列举 3 种让书包使用更方便、更舒适或更具功能性的创新思路。

2. 场景创新类

（1）图书馆新功能设想　假设你要重新设计学校图书馆，在不改变其主要藏书和阅读功能的基础上，运用创新思维，增加 3 种能吸引学生的新功能或新服务。

（2）公交站台优化方案　针对现有的公交站台，从提升乘客等待体验和信息获取便捷性的角度出发，提出 3 个创新想法。

3. 问题解决类

（1）办公室空间利用问题　某办公室空间有限，但需要容纳更多的员工和办公设备，同时还要保证工作的舒适性和效率。请提出至少 3 种创新的空间利用方案。

（2）城市停车难题创新解法　在城市中，停车难是一个普遍问题。运用创新思维，给出 3 种解决城市停车问题的方案。

4. 商业模式创新类

（1）健身房新商业模式构思　如果要开一家与众不同的健身房，你会如何创新其商业模式？提出 3 种与传统健身房不同的运营方式。

（2）花店经营创新思路　对于一家花店，你能想到哪些创新的经营模式来增加销售额和顾客满意度？列举 3 种。

第二节　创新思维的培养

一、创新思维的特点

思维是人脑对客观现实间接和概括的反映，它是能够借助语言实现的、能揭示事物本质特征及内部规律的认识过程。思维的产生过程如图 1-7 所示。

创新思维是人类最复杂、最活跃、最有意义的实践活动。那么什么是创新思维呢？

一般来说，创新思维开始于灵感，终结于构思。如果一定要给创新思维下定义，可以总

图 1-7　思维的产生过程

结为，创新思维就是以新颖独特的方式，对已有的知识轨迹进行改组和重建，创造出新思维成果的过程。简单来说，创新思维就是构想创意的过程。

【案例 1-11】

旱冰鞋的出现

詹姆斯有一个爱好——滑冰。当时，冬天很容易就能在室外找个滑冰的地方，而在其他季节，想滑冰是不可能的。怎样才能在其他季节也能滑冰呢?

詹姆斯一直在思考这个问题。想来想去，他想到了鞋和滑轮。詹姆斯在脑海里把这两样东西的形象组合在一起，想象出了一种“能滑行的鞋”。经过反复设计和试验，他终于制成了四季都能用的“旱冰鞋”。

（一）创新思维的求异性

通过上述案例我们可以发现，创新思维的本质是求异、求新，这是创新思维最重要的特性。

所谓求异，是指在认识过程中致力于挖掘事物的差异性、现象与本质的特殊性和已有知识与客观事件相比而具有的局限性等，是对常见现象或人们早已习以为常的认识进行怀疑、分析和改进的过程。这个特性贯穿于创新思维活动的始终，为多数人所认同。

换句话说，求异就是要用“新眼光”去看待老问题，突破思维的惯性，寻找新的闪光点。

【案例 1-12】

解开绳结

一年秋天，铁木真率部来到了斡（wò）难河畔，河边有一棵五人方能合抱的大树，大树上系着一个复杂的绳结。据传说，谁能解开这个绳结，谁就能成为蒙古之王。

每年都有很多人来解这个结，可他们总是不知如何下手，因为这个结异常复杂，连绳头也看不到。铁木真仔细观察了这个绳结，他也找不到绳头。

他想了一会儿，拔出剑来，将绳结一劈两半，然后对众人说道：“这，就是我铁木真解开绳结的方式!”

（二）创新思维的突发性

创新思维的突发性可以理解为偶然性、意外性和非逻辑性。创新思维往往表现为以一种突然降临的情景标志某一种突破的获得，表现出一种非逻辑的特征，其实这是一种长期量变引发质变的突破。

当然，创造性成果的产生，是研究者长期观察、研究和思考的结果，是创新思维活动过程的产物。在这一过程中，往往存在着对于形成创造性成果起决定作用的突发性思维转折点，在“山穷水尽”时突然看见“柳暗花明”。

【案例 1-13】

补睡袍

从前，一个老裁缝带着小裁缝去给王后做锦丝睡袍。睡袍做好了，在熨烫整理之后就可以完工了，可小裁缝在熨烫时，不小心在睡袍上烫出个枣核大的洞。

老裁缝非常害怕，手都哆嗦起来。小裁缝思考片刻，对师傅说：“我会想办法补上的。”于是，小裁缝找来丝线，围着窟窿绣了一朵鲜艳的牡丹，补好了这个洞。

睡袍送到王后那里，王后非常喜欢这朵鲜艳的牡丹，又让小裁缝多绣了几朵，并付了双倍的工钱。

如案例中的小裁缝一样，不管是灵光一现，还是苦苦思索后的顿悟，创新思维都会表现出突然降临的特征。创意的迸发不分场合、地点和时间，任何事物和事情都会给人们带来灵感，帮助人们在思维领域产生突破，而人们需要做的，就是抓住这种灵感。

（三）创新思维的敏捷性

创新思维的敏捷性是良好心理品质的前提，它是指在短时间内迅速调动思维能力，具备积极思维、周密考虑、准确判断的能力，还必须依赖于观察力及良好的注意力等优秀品质。没有对事物敏锐的洞察力和反应能力，很难从众多事物中发掘到“潜力股”，找到创新的起点。

【案例 1-14】

弄断棉线

高斯是德国著名的数学家，不到 20 岁就在科学领域取得了不小的成就。随后，他又取得了一次又一次的成功，这让周围跟他差不多年纪的年轻人很不服气，有心想要为难他一下。

有几个年轻人准备了这样一道难题：他们将一根棉线系在一块银币上，再找来一个很薄的玻璃瓶，把银币悬在里面，然后把瓶口塞住。几个年轻人来到高斯面前，要求高斯在不打破瓶子和不打开瓶塞的情况下把瓶子里的棉线弄断。

高斯想了想，随后便轻松地说：“可以。”他找到一面放大镜，将光线透过放大镜聚焦在棉线上，时间一分一秒地过去……很快，棉线被烧断了，银币落到瓶底。这几个想为难高斯的年轻人惭愧地走了。

（四）创新思维的专一性

量变引发质变，质变突破量变，量变是质变的前提，质变是量变的结果。好的创新思维需要的不是三天打鱼两天晒网，而是专一的目标＋持之以恒的思考，并辅以坚持不懈的努力的结果。

所谓创新思维的专一性，是指引导思维目标的确定性，是引导思维过程中已有概念、事物在显意识和潜意识两个层次的集中与凝聚的特征。创新思维最重要的条件是所研究的问题已经成为研究者的优势目标，即心理学上所说的“优势灶”。专一性是创新思维的基本特征。

二、常用的创新思维方式

创新思维方式有很多种，如想象思维（形象思维）、抽象思维（逻辑思维）、发散思维、逆向思维、正向思维、联想思维、简化思维、收敛思维、纵向思维、转化思维和整体思维等。此处讲述几种常用的创新思维方式。

（一）发散思维

发散思维是指在发现和解决问题的过程中，不局限于一点、一条线索或一部分信息，而是从已知信息出发，不受个人、他人意志或现存方法、方式、范畴或规则的约束，尽可能向四面八方扩展，在这种辐射式的思考过程中，找到多种解决问题的方法，进而衍生出尽可能多的结果。

发散思维的好坏，标志着一个人智力水平的高低。因此，培养和锻炼自己的发散思维能力就是提高自己智力的过程。发散性思维包括以下几个方面的发散。

1. 功能发散

功能发散是从某事物的功能出发，构想出获得该功能的各种可能性。如对“怎样才能达到照明的目的”的问题，有人做出如下构想：点油灯、开电灯、点蜡烛、划火柴、烧纸片、用手电、点火把、燃篝火和用镜子反射太阳光等。从发散思维的角度出发，没有废物或废料，只要能合理地借助功能发散（有时加上视角转换），一定能变废为宝。

2. 结构发散

结构发散是以某个事物结构为扩散点，设想出利用该结构各种可能性的思维活动。例如，尽可能多地说出包含圆形结构的物体（太阳、水碗、酒杯、西瓜、瓶盖和头等）。经常进行这种思考，可以增加头脑中的形象储备，锻炼想象力。

3. 形态发散

形态发散是以事物的形态（如颜色、形状、声音、味道等）为发散点，设想出利用某种形态的各种可能性。例如，当说出红色时，可以联想起信号灯、红墨水、红围巾、红灯笼、红对联和红粉笔等。

4. 组合发散

组合发散是以某一事物为发散点，尽可能多地设想出与另一事物联结成具有新价值的新事物的可能性。例如，以钥匙为发散点，若随机想到的一种事物是手电筒：按照组合发散思维方式，两者就能结合成新的事物，那就是带手电筒的钥匙；按照功能发散思维方式，由手电筒联想到钥匙是否具有一种新功能，那就是钥匙能够当手电筒用。

5. 方法发散

方法发散是以人们解决问题或制造物品的某种方法为扩散点，设想出利用这种方法的各种可能性。例如，说出用“吹”的方法能做的事或解决的问题，可以想象到吹气球、吹口哨、吹笛子……这是一种多方法发散思考。方法发散是人们创新创意能力的一项重要素质，平时只要多掌握一些前人解决问题过程中积累下来的成功方法和技术，并把这些方法辐射出去，用到新领域、新事物上去，就能大大地提高创新能力。

6. 因果发散

因果发散是以某事物发展结果和起因为扩散点，设想出该事物出现的原因或该事物可能产生的结果。如果分开来讲，因果发散包括原因发散和后果发散。

原因发散是以某事物发展的结果为发散点，推测造成此结果的各种可能的原因。

后果发散是以某事物的起因为扩散点，推测可能发生的各种结果。例如，尽可能多地说出打开开关后可能发生的各种结果，答案可为灯不亮、灯亮、灯亮了马上灭掉、灯泡冒出白烟、灯泡爆炸、熔丝断开、电线起火等。

人们在进行科学研究时，经常碰到认识事物因果关系的问题。因此，进行因果发散思考训练有助于培养科研素质，去发现事物、认识事物的内在规律。

7. 关系发散

关系发散是从某一对象出发，尽可能多地设想它与其他对象之间的关系。生活中每个人都可以从自我出发，想出自己与他人的关系，除了伦理的一些基本关系（如父女、师生）之外，每个人还可能存在听众、观众、读者、选民等不同情况下的关系。确定事物之间可能的关系发散有以下两种方式：

第一种是从某一事物出发，尽可能设想出其与其他事物的各种关系。例如，“你是谁?”你是你父母的女儿，你是某高校某系某班的学生，你是女生，你是舞者等。尽可能说出你与社会各方面及各种人物之间的关系。

第二种是给出两者的关系，说出两个事物间的关系。例如，父亲和儿子间有什么关系、患者和护士的关系、营业员和顾客的关系等。

（二）逆向思维

逆向思维是从结果到原因的反向追溯的思维状况，即对任何问题哪怕是现成的结论，都不满足于“是什么”，而要多问几个“为什么”，敢于提出不同的意见，敢于怀疑，反其道而行。

广义上讲，一切与原有思路相反的思维都可以称为逆向思维。对于历史上被传为佳话的司马光砸缸救落水儿童的故事，实质上就是一个运用转换型逆向思维方法的例子。有人落水，常规的思维模式是“救人离水”，而司马光由于不能通过爬进缸中救人的方法解决问题，因而他就转换为用另一方法，果断地用石头把缸砸破，“让水离人”，救了小伙伴的性命。

【案例 1-15】

秀才遇上兵

有一次，南唐后主李煜派博学善辩的徐铉到北宋朝廷去进贡。按照惯例，北宋朝廷要派一名官员与徐铉一起入朝，但大臣们都认为自己的才学比不上徐铉，所以谁都不敢应战。

宋太祖听说了这件事以后，当即命人找来 10 名不识字的侍卫，把他们的名字写好呈上来，宋太祖用笔随意圈了一个名字，就派此人去了。这令在场的所有人都很吃惊，但都不敢提出异议。

徐铉见到那名侍卫，便滔滔不绝地讲了起来，由于侍卫根本搭不上话，只能连连点头。徐铉见来人只知点头，猜不出他到底有多大学问，只好硬着头皮接着讲。一连好几天，侍卫一直不说话，徐铉也讲累了，便不再吭声了。

上文中宋太祖的做法就是逆向思维的做法。对付善辩的人，正常情况下应该找一个更善辩的人应对，但宋太祖偏偏找一个不识字的人去应对。这一做法，反倒引起了善辩高手的猜疑，使他认为陪伴自己的人是代表北宋朝廷“国家级水平”的人，因为猜不透对方，也就不敢放肆了。

逆向思维可以从以下几个方面进行训练：

1. 作用颠倒

俗话说“存在即合理”，任何事物都有各自不同的作用。而两个事物间的作用既可以是正面作用，也可以是反面作用；如果是事物和人之间的关系，则既有有利作用，也有不利作用。所以通过采取一定的措施能够改变事物所起的作用，其中也包括能够通过使事物某方面的性质、特点发生改变，起到和原有作用正好相反的作用，如把事物对人不利的作用变为对人有利的作用。

2. 方式颠倒

事物都有自己“起作用的方式”，它是事物的基本属性。若此方式发生变化，事物的性质、特点和作用也会随之变化。如果从某种需要出发，采取一定的措施，使某一事物起作用的方式颠倒，那就可能引起该事物的性质、特点或功能相应地产生符合人们需要的某种改变。基于事物同其起作用的方式之间的这种客观存在的关系，就可以进行创新思考，也可以就事物起作用的方式倒过来思考。

3. 过程颠倒

事物起作用的过程具有确定、显著的方向性。过程颠倒是将事物起作用的过程的方向颠倒。一旦方向颠倒，人们对它的认识和态度便会有所改变。所以有意识地就事物起作用的过程反向思考，便有可能从中引发新的设想。

4. 位置颠倒

两个及两个以上事物之间在空间上总是保持着一定的位置关系，或两两相对，或一前一后，或一上一下，或一左一右……从甲所处的位置看乙与甲的关系，从乙所处的位置看甲与乙的关系，得出的认识往往不同。在创新思考过程中，将事物之间的位置关系倒过来思考，也有可能产生新的看法和设想。

5. 结果颠倒

结果颠倒作为一种逆向思维的创新思考方法，是指对具有因果关系的事物，从作为结果的事物乙出发，倒回去思考作为原因的事物甲，以及思考事物乙发生、发展的过程，往往能获得新的认识和设想。

6. 观点颠倒

理论观点是人主观意识的产物，但它们归根到底都是客观事物及其规律在人们头脑中的反映。既然可以对客观事物进行逆向思维，那么对思想观点自然也可以反向思考，以便从中获得新的认识，形成新的见解，这就是观点颠倒。人们对许多理论观点通过逆向思维而有所创新的事例表明，观点颠倒也是理论、知识创新的一种重要的思考方法，在生活和工作中有重要的应用。

（三）联想思维

联想思维是一种由此及彼、由表及里的思维，是人们通过一件事情触发并转移到另一些事情上的思维。事实上，当人的思想受到某种刺激，或在某种特定环境下通过回忆，可以产生两种类型的联想。

1. 相似联想

相似联想是指思维主体把思考对象同储存在自己大脑中的相似经验、事物或动作进行比较的联想。

2. 对比联想

对比联想是指思维主体将所考虑的问题与储存于大脑中的已知信息或经验进行对照的联想。这种联想，可以是正面的对比联想，也可以是反面的对比联想，还可以是正反兼有的联想，又或者是正反对照以突出其反差的对比联想。

（四）简化思维

简化思维就是思维的简化。创新不是从复杂开始的，而是从省略开始的。创新思维在解决一个复杂的科学或现实问题时，会提炼、抽象出主要矛盾，将其余条件全部略去。将复杂问题简单化是一个积极的思维习惯，若要简化得恰到好处，则需要一个积累和训练的过程。

（五）转化思维

转化思维是在解决问题的过程中遇到障碍时，把问题由一种形式转换成另一种形式，使问题变得更简单、清晰。

【案例 1-16】

打捞铁牛

北宋河中府有一座浮桥，用八头铁铸的牛加以固定，每头铁牛重达几万斤。治平年间，河水暴涨冲断了浮桥，牵动铁牛沉到了河里，朝廷招募能够捞出铁牛的人。有个名叫怀丙的和尚，把两艘大船装满泥土，把铁牛系到船上，用木头做成秤钩的形状钩住铁牛，慢慢去掉船上的泥土，船浮出水面的同时铁牛也就浮了上来。

从上述案例可以看出，借助水的浮力来打捞铁牛，体现了转化思维的关键，那就是借助工具通过技术和思维等方面的转化，将难以实现的问题转化成容易操作的现实。

（六）整体思维

整体思维又称为系统思维，它认为整体是由各个局部按照一定秩序组织起来的，要求以整体和全面的视角把握对象。

三、阻碍创新思维的因素

心理学研究表明，人在学习过程中使用某一认知方式进行思维，重复的次数越多越有效。所以，在新的相似的情境中会优先运用这一方式，这是一种自觉发生的行为，即思维的“惯性”，是人的一种特别本能和内驱力的表现。

（一）观念和固定观念

观念是内化于人脑潜意识中的观点和认识。人们在思维过程中，反复运用某种观点，认识、思考、评价问题，久而久之，这些观点和认识被积淀到大脑深层意识之中而达到了无意识状态，这就形成了观念。在人脑思维加工过程中，主体对材料的选择、组织，对问题的评价、解释，很大程度上取决于观念。历史上，每种观念的产生都是以当时的实践水平和历史文化发展为基础的，但随着实践活动的发展和时代的进步，深藏于人们头脑中的观念则不愿随之改变，成为一种思维的惯性。受这种惯性影响，人们会因循守旧，墨守成规，用老眼光、老办法去面对新问题，并反对思维对现存事物的超越，成为阻碍创新思维的重要因素。

固定观念是指人们在特定的领域内形成的观念，在该领域内某种观念是适用的，但超出这个范围，它们就可能变得不再适用了。由于观念在思维中的惯性作用，人们总是习惯于用固有的观念去认识、评价问题，而忽略这个问题是否超出了原来的领域范围。

例如，我们可以用经验在一定范围内解决一些常规性问题，但当问题超出了原有领域而进入一个新领域，那么原来的经验和观念就会排斥新思想，扼杀新观念，从而阻碍创新。

（二）惯性思维

小时候追求物质需求，青年时代寻找精神思考模式，在成熟后，我们却在努力打破自己的惯性思维。惯性思维有利于迅速解决问题，但往往我们会寻找自己最有把握的途径解决问题，这也会成为思考的障碍。我们往往会拒绝听取别人意见，阻止别人讲解自己的思考，即使听到别人的想法，我们第一时间考虑的是如何反驳。这些都阻碍了接触更多解决问题的途径，阻止了思考。

【案例 1-17】

惯性思维

这是一个关于阿西莫夫的故事。阿西莫夫是世界著名的科普作家，有一次他去见老朋友——一位汽车修理工。

朋友对阿西莫夫说："你的智商那么高，我来出一道题如何？"阿西莫夫自信地点头答应，朋友便开始出题："有一个聋哑人，想买几枚钉子，就来到五金商店，对售货员做了一个这样的手势，左手食指倒立在柜台上，右手做出敲击的样子。售货员见状，先给他拿来一把锤子，这位聋哑人摇了摇头。售货员又拿出钉子，聋哑人点了点头，便付款走了。刚走出商店，就进来一位盲人，盲人想买一把剪刀，请问盲人将会怎么做呢？"

阿西莫夫顺口答道："肯定是这样……"他用食指和中指做出剪刀的形状。看了阿西莫夫的动作，朋友便笑道："哈哈，答错了吧！盲人买剪刀，直接说'我要剪刀'就行了，为什么要做手势呢？"

（三）从众思维

从众是指个人受到外界人群行为的影响，而在自己的知觉、判断、认识上表现出符合公众舆论或多数人的行为方式。说直白点，就是"跟着大家走"。

一位名为阿希的学者就进行过从众心理实验，结果在测试人群中仅有 1/4 ~ 1/3 的被测试者没有发生过从众行为，保持了独立性。

其实，人类自古就具有群居性，思维上有"从众定势"，这使得个人有一种归属感和安全感，能够消除孤单和恐怖等有害心理。此外，因为"枪打出头鸟"，以众人之是非为是非，人云亦云随大流，也是一种比较保险的处世态度。但是，这样的行为态度，会逐渐形成创意思维障碍。一般来说，从众思维比较强烈的人，在认识事物、判定是非的时候，往往缺乏独立思考的创新观念。

四、克服思维障碍的方法

创新是人脑的机能，人人都有创新的禀赋。培养创新思维，是一切有志创新者的基本功。突破思维的障碍，方法很简单，但是实现很难。一个苹果掉下"不等于"地心重力说的出现，很多人看见苹果掉下来，但是愿意想、能说出来原因的人却不多，这个需要知识的储备和表述能力，更需要思维的创新性和开阔性。

（一）培养自己的联想习惯

客观问题之间总是有联系的，如果养成了联想的习惯，往往可以从多个事物的联想结果中找到一个事物在联想中的"断线"，发现创新的可能。我们在考虑装盛调料品的罐子时会考虑容量、用途、使用方便性、外观设计等，如鸡精的装载物为密封罐子，容量尽量为50 ~ 100 克，因为它容易受潮，所以密封性要求较高，同时鸡精一般在烹饪时使用，不需要放在餐桌上，所以不用考虑太多美观性，它的使用方便性在于有没有配套合适的"小勺子"。举一反三，可以考虑油壶的创新在哪儿？其壶盖上有一个小孔，为何需要这样设计呢？如果你有联想的习惯，就很容易找到答案。

（二）寻找和珍惜自己对产品的不满

人们在产品使用过程中的牢骚就是产品推陈出新的动力和可能性。如乒乓球鞋要适应打球者的快速移位，同时在运动过程中，在小范围内有大量的汗液，造成地板较滑，自然用户的需求是鞋要有抓力。如果发现了用户需求或你自己的不满，就有机会开发出系列产品。现在市场上琳琅满目的各类运动鞋都来自用户对产品的挑剔和不满。

（三）从众型创新思维障碍类型的训练

开动脑筋，想出一种与众不同的观念，这个观念只要与人们的日常习惯相冲突就可以，不追求高明和实用，先打开自己的思路，并把自己的观念告诉朋友或家人，听听大家的反馈。

在这个过程中，体会社会从众思维有多强大，也能锻炼自己“反潮流”的胆量。面对大家的指责、嘲讽和反对，不要过于沮丧，而要心平气和地尽力说服他们，让多数人承认新观念中的可取之处。

（四）权威型创新思维障碍类型的训练

1. 在思维领域的权威型创新思维障碍

有人习惯于引证权威的观点，不假思索地以权威的是非为是非。上小学时，我们的作文常常引用名人名言，这源于对权威的某种认可。这是可以理解的，但是过度相信常常演变为神化和迷信。一旦发现与权威相违背的观点或理论，便想当然地认为其必错无疑，这就是创新思维的另一个重大障碍——权威型创新思维障碍。

【案例 1-18】

黄鼠狼到底吃什么？

黄鼠狼吃鸡是事实，确实有家养的鸡被黄鼠狼吃了，所以不少人认为黄鼠狼是一种有害的动物。

为了弄清黄鼠狼到底吃什么，20 世纪六七十年代，华东师范大学生物系教授用了几年时间，在全国十几个省区市中的海岛、林区、草原、平原等地抓捕了近 5000 只黄鼠狼用于试验。

在对其进行解剖观察的过程中，发现只有 2 只黄鼠狼胃中有家禽，其他的黄鼠狼胃中大多是老鼠。而且，试验还发现，如果在黄鼠狼的食物中放上活鸡、鱼、老鼠、蟾蜍，黄鼠狼最先吃的是老鼠，最后吃的或者说只有在饿极了的情况下才会吃活鸡。

如果按照一只黄鼠狼一年要吃 300～400 只老鼠计算，一只黄鼠狼每年可以避免 400 千克粮食被老鼠吃掉。因此，黄鼠狼对人类有益，应该划归为有益动物之列。

黄鼠狼吃鸡，这是自古给人留下的印象，甚至都超过权威范畴了，但试验的结果又怎样呢？或许在对知识的探索、求知过程中“为什么”比“是不是”更重要。

2. 针对权威型创新思维障碍的脑力训练

这是以权威人物的某种论断进行突破权威型障碍的训练。可以找出某位权威人物的某种论断，一是要求这种论断尽管是正确的，但却与人们的常识或直觉相违背；二是要求这种论断的传播范围比较窄，一般人不太了解。如爱因斯坦相对论中的长度收缩效应，即物体运动时长度不变只是低速世界的特殊现象，长度随速度而变才是宇宙的一般规律。把这个权威论断告诉周围的人，但不要打着权威的旗号，如可以说成自己或朋友的新发现，听听别人的评价。

没有永恒的权威，任何权威只是在当时、当地的情景之下产生的。了解这一点很重要，随着时间的推移，旧权威不断地被新权威所替代，清楚这一点，会大大削弱对权威的敬畏心态。例如，请想象一下，10 年或 20 年以前被自己敬畏的权威观点，看看如今还有多少依然是权威的？

正确理解权威的界限。例如，影视明星在广告中推荐的保健产品，体操健将制造出的高质量的运动鞋，这些都是“跨越界限”的权威。面对这些情况要多问问：推广人是哪个领域的权威？对推广行业有研究吗？权威吗？这种推广可信吗？通过这几个问题，就可以确切地得出“肯定与自身利益有关”，没错，即使是一位真正的权威，而且是在他所擅长的权威领域发表意见，也要看看是否与权威的自身利益有关。

（五）书本型创新思维障碍类型的训练

1. 书本型创新思维障碍

具有丰富而广博的知识是创新的基础。一般来说，一个人专业知识越丰富，涉猎面越广，就越容易创新。对于大多数人来说，知识的获得更多是通过学校的教育，然而从创意思维的角度来说，一个人接受正规教育的时间越长，其思维受到束缚的可能也就越大，这就是书本型创新思维障碍。

在面对新情况、新问题时，不要让经验、惯性思维左右自己，要放空自己的思维，主动抛弃所学的知识，跳到无知的一面，最好能以旁观者的角度来看待事情，看看是否有什么好的解决方案，以此来克服书本型创新思维障碍。

2. 针对书本型创新思维障碍的训练

（1）“正、分、合”读书法　拿到一本书，要读三遍，每读一遍都会收获一种全新的感觉。

第一遍是“正读”，就是假设书中的说法完全正确，对作者的观点表示十分赞许。一边读，一边为书中的看法补充新的证据、材料和论证方法。

第二遍是“分读”或叫“反读”，就是推翻书中所有的观点，读书时的主要目的就是找论据推翻作者的观点。

第三遍是“合读”，就是把前面两种读法的结果综合起来，在此基础上对书中所讨论的内容提炼出自己的看法。这才是读书的最高境界，即“读入”和“读出”法。

（2）认清书中的情境　每一种理论都有一个前提，即“情境”。这个情境非常重要，就是因为有了这样的“因”，才会导致后面的“果”。读书，就要读出书中的情境，再辨析与书中情境的差距。

（3）设想多种答案　书本上提供的答案往往是“唯一”“标准”的，它会束缚人们的头脑，降低创新意识。面对问题时，尽可能多地给出新奇的答案，就能提高创新思维水平。

（六）自我中心型创新思维障碍类型的训练

1. 自我中心型创新思维障碍

自我中心型说直白些就是自以为是，在日常的思维活动中，人们自觉或不自觉地按照自己的理念、站在自己的立场、用自己的目光去思考别人乃至整个世界，由此产生了自我中心型思维定式。

在这种思维方式下，人们往往以自己的思考为中心，听不进别人的意见和建议，总认为自己的思考没有任何问题。事实上，所谓“真理”都是相对的，不管是自己的还是别人的，都具有一定的时空性，在这个场合适用的观点，换个场合也许就是错误的。

2. 针对自我中心型创新思维障碍的训练

（1）冷静法　当别人对自己的观点质疑时，不妨让自己冷静一段时间。过一段时间再去考虑这个问题，并添加上别人提出的建议，也许会有不一样的收获。

（2）尝试法　如果条件允许，可以尝试一下别人给出的建议，看效果如何，和自己的想法做个对比。

【实践练习】

1. 头脑风暴练习

题目：如果你要设计一款新的智能手机应用程序，它应该具备哪些独特的功能？

步骤：

1）准备纸和笔，并给自己设定一个时间限制，如 5 分钟。

2）在这段时间内，尽可能多地写下能想到的所有功能，不要担心想法是否可行。

3）完成后，回顾所有想法，挑选出最有潜力的几个进行深入思考。

2. 反向思维练习

题目：通常我们认为“早起的鸟儿有虫吃”，现在尝试反过来思考。

步骤：

1）思考这个观点的反面是什么。

2）列出早起可能带来的负面影响。

3）探讨在什么情况下，晚起可能更有优势。

3. 联想练习

题目：选择一个与你工作或学习无关的物体，如自行车，思考它的特性如何应用到你的工作或学习领域。

步骤：

1）列出自行车的所有特性。

2）思考这些特性在你的工作或学习领域中可能的对应物。

3）尝试构建一个创新的想法，将这些特性应用到工作或学习中。

4. 角色扮演练习

题目：如果你是一家公司的 CEO（首席执行官），你将如何通过创新来应对行业竞争？

步骤：

1）列出你的公司和行业当前面临的主要挑战。

2）从不同角度（技术、市场、管理等）思考可能的创新策略。

3）选择一个策略，详细规划实施步骤。

5. 问题解决练习

题目：你所在的城市交通拥堵严重，如何通过创新来缓解这个问题？

步骤：

1）识别造成交通拥堵的主要原因，并头脑风暴可能的解决方案。

2）选择一个方案，分析其可行性和潜在的影响。

3）设计一个试验或试点项目来测试这个方案。

6. 趋势预测练习

题目：预测未来 5 年内，你的行业将面临哪些新的挑战和机遇？

步骤：

1）研究当前的行业趋势，并识别可能影响行业的新技术、新政策或社会变化。

2）基于这些趋势，预测未来可能出现的挑战和机遇。

3）制订一个计划，准备应对这些挑战和抓住机遇。

第二章

创业意识与创业环境

素养目标

1. 树立正确的就业观与价值观，培养社会责任感与使命感。
2. 理解创业过程中坚持、诚信、创新等品质的重要性。
3. 激发爱国情怀与奋斗精神，鼓励积极投身创业实践，为国家经济发展贡献力量。

学习目标

1. 掌握创业意识的要素、内容及培养方法，熟悉大学生创业准备的具体内容。
2. 提升创新能力、人际交往能力、信息处理能力等综合能力。
3. 培养创业精神，增强创业意识，提高社会适应能力和职业素养。

案例导读

在当今充满机遇与挑战的时代，创业成为许多人实现梦想的途径。从张茵凭借敏锐的市场洞察力，从废纸回收起步缔造商业帝国，到李琦独具慧眼选择废旧调光台灯创业，再到晏琳大起大落的掉渣饼创业经历，这些案例展现出创业过程中的不同景象。它们有的揭示了成功创业者的必备素质，有的突显了创业过程中可能面临的问题与挑战。通过对这些案例的深入剖析，我们将开启创业知识的探索之旅，了解创业意识的内涵、大学生创业准备的要点，以及创业过程的各个阶段，为怀揣创业梦想的人提供宝贵的经验与启示，助力他们在创业道路上少走弯路，走向成功。

第一节　创业意识

一、创业与创业者

传统的创业被界定为创办一个新的企业。但随着创业实践活动的日益丰富，创业领域引起许多学者的关注，不同学科的学者都从自身的研究视角对创业进行了观察和描述，创业也不断被赋予新的内容。总体而言，对创业的定义主要有以下几种观点：

创业是一种能力，能使创业者预见并发现市场机会，为企业带来利润。这种能力体现了创业者的首创精神、想象力、灵活性、创造性和乐于理性思考的特征。

创业是一个过程，一个不拘泥于当前资源条件限制，对机会进行追寻，实现将不同的资源组合以便利用和开发机会并创造价值的过程。

创业是一种行为，一种发起、维持和发展以利润为导向的企业的有目的的行为。

创业是企业管理的一种手段和指导思想。这种思想强调通过创新、变化、把握机会和承担风险来创造价值，是一种新创企业和现有企业都可以采用的管理思想。

创业是一种思考、推理和行动的方法，它强调机会，并要求创业者有完整、缜密的实施方法和讲求高度平衡技巧的领导艺术。

综合上述观点，创业是创业者在不确定的环境中，通过发现、识别和捕捉创业机会并有效整合资源，获取商业利润，创造个人价值与社会价值的活动或过程。

（一）创业的特性

创业的本质在于把握机会、创造性地整合资源、创新及快速行动，是具有企业家精神的个体与有价值的商业机会的结合，目的是创造利润和新价值。创业蕴含的基本特性包括以下三点：

1. 创新性

创新是创业的本质和基础，创业是创新的载体和价值体现形式，两者相辅相成，不可分割，并通过有机融合使企业成为自主创新的主体，为企业的持续发展提供原动力。

2. 风险承担性

创业是承担风险的活动。17 世纪末 18 世纪初的法国经济学家理查德·康替龙认为创业者或企业家要承担以固定价格买入商品并以不确定价格将其卖出的风险，创业者的本质即承担风险。根据创业类型及所处行业的不同，创业活动面临来自市场、资金、机会、技术、管理等方面不同程度的风险，这就要求创业者具有勇气和胆识，在面对不确定性时采取风险承担的态度制订行动策略和投资决策。创业者承担风险的意愿越高，越倾向于采取开拓性的行为，并保持对市场环境变动的敏感性，从而有利于更快速地捕捉顾客和市场机会，提高决策和行动的速度。

3. 发展性

创业与一般生产活动的区别主要在于它的发展性。就创业本身而言，发展性往往表现为一个企业从无到有、从弱到强、从幼稚到成熟的过程，维持创业企业的健康发展和不断成长是创业重要而基本的任务。利润是企业存在的基础，作为市场行为，创业的直接产出即产品或服务必须具有市场价值并能为企业带来利润。同时，作为社会行为，创业往往是对现实或不久的未来存在的未被解决或未被很好解决的问题进行机会的识别和捕捉，并建立企业，是依赖市场解决社会及生活问题的最有效率的方式。

（二）创业者是谁

经济学家让·巴蒂斯特·萨伊就创业者给出了这样的定义：将经济资源从生产率较低的区域转移到生产率较高区域的人。他认为创业者是经济活动过程中的代理人。

经济学家弗兰克·奈特赋予了创业者不确定性决策者的角色，认为创业者要承担由于创业的不确定性所带来的风险。

经济学家约瑟夫·熊彼特则认为创业者应为创新者。后来，创业者概念中又加了一条，即具有发现和引入新的、更好的、能赚钱的产品、服务和过程的能力。

创业者的英文单词是 Entrepreneur，对于这个词，一般理解为企业家，即在现有企业中负责经营和决策的领导人。但是，我们并不将创业者与企业家完全等同。创业者有两层含义：广义的创业者是指参与创业活动的全部人员；狭义的创业者是指参与创业活动的核心人员，包括创业领头人及其管理团队。由于创业领头人对于创业活动的推动具有核心作用，与其他创业参与者相比，一般具备特殊的特征、素质与能力。因此，创业者既不是指一般含义上的企业家，也不是参与创业活动的全部人员，我们将创业者界定为从事创业活动、创建新企业或刚刚创建了新企业的创业领导人。

【案例 2-1】

女首富的创业之道

张茵，玖龙纸业有限公司董事长，曾是中国第一位女首富，也是世界上最富有的女性白手起家者之一。尽管她幼时家境清贫，但这并没有阻止她对梦想的追求。

大学毕业后，张茵辗转经历了几份不同的工作，她从这些工作经历中看到了创业的机会，也找到了人生定位和创业目标——做“废纸大王”。1985 年，她怀揣三万元人民币到香港从事废纸回收，由于她坚持注重诚信，6 年时间便在广东东莞成立了自己的公司，可以说从废纸里掘取了第一桶金。

1990 年，张茵开始在美国拓展废纸回收业务并成立了中南控股公司，因为美国不仅废纸资源丰富，并且废纸回收系统极为高效、科学。细心的张茵注意到别人没有发现的机会：大量运送出口货物的集装箱回到中国时都是空的。于是，她用极低的运费把美国的废纸运到中国。10 年间，中南控股公司先后在美国建立了 7 家打包厂（将收到的废纸打包）和运输企业，成为美国最大的造纸原料出口商，公司业务渐渐遍及全球各地。之后，张茵在东莞投资成立了玖龙纸业，将业务从废纸回收拓展至造纸。玖龙纸业公司抢占商机，在高强瓦楞纸、牛卡纸和涂布白卡纸等产品领域一马当先，在中国制造业蓬勃发展的背景下，成为许多知名企业高质量包装物的供应商，产品供不应求。

张茵是一位做事非常专注的人，她曾经表示：“玖龙纸业将不会进入新闻纸领域。”从某种意义上来说，资产规模达到百亿元级的玖龙纸业是多元化的，但她投入的所有资源及这些投入形成的产能完全围绕造纸这个核心业务。

通过这个案例可以看出，专注是创业者必须要具备的基本素养。

二、创业意识的要素与内容

创业意识是指人们从事创业活动的强大内驱动力，是创业活动中起主导作用的个性因素，是创业者素质系统中的第一个子系统（即驱动系统）。大学生刚从学校出来，充分了解创业意识是创业的前期准备。

（一）创业意识的要素

1. 创业需求

创业需求是指创业者对现实条件不满，并由此产生的改变现实的愿景，是创业实践活动得以开展的最初条件和基本动力。但仅有创业需求，不等于一定有创业行为，只有创业需求上升为创业动机时，创业实践才有产生的可能。

2. 创业动机

创业动机是指驱动创业者进行创业行为的内部因素。创业动机是一种自我满足的需求，是竭力追求成功的强大内在驱动力。创业动机是创业行为产生的原动力。

3. 创业兴趣

创业兴趣是指创业者对从事创业行为的情绪和态度的认识指向性。它能激发创业者的强烈兴趣和坚强意志，使创业意识升华为创业实践活动。

4. 创业理想

创业理想是指创业者在创业实践活动过程中形成的、有实现可能性的、对未来社会和自身发展的规划与渴望，是人们的世界观、人生观、价值观在奋斗目标上的愿景。对现状永不满足、对未来不懈追求，是理想形成的动力和源泉。创业理想属于人生理想的一部分，主要是一种职业理想和事业理想，创业理想是创业意识的核心因素。

（二）创业意识的内容

1. 商机意识

真正的创业者，在创业实践过程中，始终面临着捕捉商机、占有市场的考验。创业者必须有较强的市场敏感性，可以宏观地利用环境因素推测未来市场发展的方向，以便做出正确的决策来保证企业的发展壮大。

2. 转化意识

只有寻找商机的意识是不够的，还要有掌控商机的能力，也就是捕捉商机并把商机转化成实际运作和生产活动，获取利润，最终实现企业的经营目标。转化意识就是把商机、机会等构思、设想、信息转化为生产力，把个人的知识和才能转化为智力资本、人际关系资本和营销资本。

3. 战略意识

创业伊始需要制订科学合理的创业计划，解决打开市场、出售产品等基本问题。创业中期需要制订整合资源的商业策略，转换创业初期的生存目标为发展目标。创业战略要在基于企业发展的基础上制订，关键要适合自己创业实践的发展阶段和目标要求。在创业过程中应时刻保持一定战略高度，不被一时的成败所左右。

4. 风险意识

创业者要正确评估自己在创业过程中可能遇到的风险，一旦这些风险出现，要知道如何规避和化解。风险意识和规避风险的能力是大学生创业实践成败的关键因素。

5. 勤奋敬业意识

大学生创业，一定要勤奋踏实，不能脱离实际，不能只靠理论支撑。创业可以从小到大，逐步推进。没有资金、没有人脉都不要紧，关键是要有好的创业思路，要有勇气迈出第一步，这样才有获得成功的可能。

三、创业意识的培养

创业意识是创业实践活动开展的主观因素，是创业成功的前提条件。创业意识不是天然形成的，而是在后天的学习和生活中，通过一系列的训练激发强烈的创业欲望而形成的。大学生创业意识的形成是诸多因素共同作用的结果，下面从社会、学校、家庭、个人四个方面对大学生创业意识的培养进行分析。

（一）社会方面

大学生创业成功不仅依赖于自身的创业意识形成、创业能力培养和学校对创业教育的重视，更需要整个社会对大学生创业的支持。因为个人的行为始终根植于社会环境这一土壤中，要改变个人的创业意识首先必须改变社会环境。

1）营造良好的全民创业氛围。新形势下，不仅要倡导大学生创业，还倡导全民创业。在 2014 年 9 月夏季达沃斯论坛上，李克强总理发出“大众创业，万众创新”的号召。他提出，要在全国掀起“大众创业”“草根创业”的新浪潮。此后，李克强总理在首届世界互联网大会、国务院常务会议等各种场合中频频阐释“双创”。第十二届全国人大第三次会议上，李克强总理在政府工作报告中强调，打造“大众创业、万众创新”和增加公共产品、公共服务“双引擎”，希望激发民族的创业精神和创新基因，形成全民创业的良好氛围。

2）打造自主创业的政策平台。政府应加强对大学生的创业指导，逐步完善创业环境。政府应该提供政策支持，拓宽融资贷款渠道，为创业者提供完善的创业服务。成立专门的创业指导机构，组织创业专家采取一对一的方式对已经在创业的大学生提供全程专业指导，提高大学生创业的成功率。依托学校设立专门的大学生创业培训机构，对有创业意愿并具备一定条件的毕业生开展创业培训，促进其进一步树立创业意识和创新精神，掌握创业所必备的工商、税务、金融、劳动和企业经营等方面的基础知识，了解国家对毕业生开办企业的优惠政策，提高创业的成功率。

（二）学校方面

创业教育是一种新的教育观念，也是一种教育的系统工程。高等院校可以通过各种教育手段激发大学生的创业欲望，形成创业意识，并培养创业能力，使其在充分准备后，走上创业道路，实现个人和社会的双赢。

1）更新教育理念，树立科学的创业教育观。高等院校可以把创业教育作为新的教育理念贯穿于高等教育的全过程中。不仅要加强对学生的创业意识培养，使学生认识到自主创业是生存的需要、个人发展的需要和社会进步的需要；更要使学生形成适应时代发展的就业观念。

2）建立、健全创业教育课程体系。高等院校要把提升创业技能和培养创新精神作为学校人才培养的基本目标，采取各种教学法，建立专业课程教学与创业教育的紧密联系。同时，要根据各个专业的学科结构，将创业教育作为一门必修课程来开设，甚至在专业学科上进行创业课程内容的渗透。在学科教育中渗透创业教育，这是培养大学生创业意识，提高大学生创业能力的有效途径。

3）组建结构合理的创业教育师资队伍。一支良好的创业教育师资队伍既要有专职的创业课程教师，传授系统的创业理论知识，又要有兼职的企业家和政府培训机构传授创业的经验及教训。只有这样的创业教师队伍，才能提升大学生的创业能力，培养大学生的创业精神。

4）铺设教育实践环境，营造创业氛围。创业能力的培养离不开实践，为了丰富创业教育实践活动，营造创业氛围，高等院校应从以下几个方面加强建设：

① 设立大学生创业空间。吸引有创业意愿的大学生，设立创业交流空间，使大学生能够在这个空间里分享创业体会，获得创业经验和信息。

② 建立大学生创业基金。鼓励有创意的大学生提出创业方案，通过创业专家评估，获得创业基金支持，来度过企业孵化期。同时，吸引社会风险投资关注有前景的创业项目。

③ 走产学研结合的道路，创建创业基地。通过校企合作，使大学生深入企业，参与企业科研活动，提高理论水平和实践能力。高等院校要积极创造条件，在校园范围内建立创业模拟实训基地，把部分校内市场适度向大学生开放，提供创业实践的平台，进一步提高大学生的创业能力。

④ 定期举办创业大赛，打造良好的创业环境。美国有些高校为了鼓励学生创业，会积极聘请一些企业家到学校听学生讲述创意，好的创业计划会被买走。高校还可以借鉴此举，调动更多大学生的积极性，主动参与创业计划，形成良好的创业氛围。

⑤ 大学生要主动为自己寻求创业实践。大学生需要主动地参与假期社会实践、志愿者服务、勤工助学，结合专业优势和个人特长开展专业服务，或者参加产品推广、服务营销及竞技类活动。这样的实践活动不仅能够为父母减轻经济上的压力，而且也能提高自己的实践能力，为创业提前做好准备。

⑥ 建立有效的创业教育保障机制。为确保创业教育的效果，高等院校必须建立创业教育保障机制，成立专门的创新创业指导中心，加强对创业教学过程的指导与控制，建立交流平台，密切关注创业实践的内外部环境，及时发现创业教学中存在的问题并加以解决。同时还要建立创业激励的长效机制，增强师生参与创业的积极性。

（三）家庭方面

1）转变就业观念。早期的高等教育，读了大学就意味着将有一份稳定的工作。现在，这种观念已经过时了，但有一些家长对大学生的认识还停留在以前。如今的大学生作为“普通的劳动者”，要接受市场的选择，面临着就业与失业的困惑。高等教育大众化背景下培养的是满足社会多层面需求的各型人才，既有高级研究人才，又有专门技术人才，还有能够自主创业的创新型人才。目前，社会上没有那么多现成的就业岗位，这是社会经济发展的必然趋势。家长应该关注社会变迁，了解就业的发展动态，及时转变传统的观念，紧跟当前的形势变化。

2）积极为子女创造有利的创业氛围。在对大学生的创业意愿进行调查时发现，父母经商的大学生，其打算创业的比例高达 51.2%；父母曾经经商但现在不经商的大学生，打算创业的比例为 33.3%；父母没有经商的大学生，打算创业的比例为 22.9%。这说明了父母的创业行为会带动子女的创业愿望，形成创业意识。

（四）个人方面

大学生应该意识到，在知识经济时代的环境下，创新是实现自我价值和社会价值的主要手段，是从适应型就业转变为自主创业的过程。适应型就业传统面临创新型创业的冲击，大众化的高等教育立足于时代与市场要求，培养的是具有创新精神和创新能力的复合型人才。自主创业是历史发展的必然选择，大学生要改变传统的按部就班的就业思想，树立主体意识，认识到自身肩负的责任，为自己创业，也能为他人创造就业机会，促进社会的和谐发展。当代大学生要有所作为，就必须顺应历史的发展，积极参与创业实践活动，培养适应环境的能力，以一种积极的心态去面对机遇与挑战。

【实践练习】

1. 创业想法头脑风暴

以“校园生活服务”为主题，在 10 分钟内尽可能多地写下创业想法。这些想法可以涉及餐饮、学习辅助、休闲娱乐等多个方面。然后从中挑选出 3 个你认为最有潜力的想法，分别阐述其针对的具体需求、目标客户群体及可能的盈利模式。

2. 个人优势与创业匹配度分析

列出自己的 5 项个人优势，如专业技能（编程、设计等）、社交能力、领导能力、创新思维、吃苦精神。然后针对每一项优势，描述一个与之匹配的创业项目或创业环节。

3. 创业愿景与目标设定

1）假设你要创办一家企业，为其撰写一个简短的创业愿景，描述企业未来的理想状态和核心价值观。

2）根据这个愿景，设定 3 个短期（1～2 年）和 3 个长期（3～5 年）的具体目标。

第二节　大学生创业准备

一、树立创业观念

无论理想大小，要想实现都需要踏踏实实地去准备，正所谓“台上一分钟，台下十年功”，准备得越充分，创业成功的可能性就越大。创业观念是指人们对创业的行为、价值、方法的看法，包括以下几点：

（一）树立自主创业的就业观

树立自主创业的就业观就是要求创业者对创业进行决策、计划、实践、总结等活动，不断丰富和提高创业实践水平，形成创业的观念。通过创业观念的树立，适应从计划经济的就业分配到市场经济的自主择业、双向选择的观念转变。

1）思想决定理想，思想决定行动和速度。大学生的就业思想和对创业的观念、对自我价值的追求决定了创业实践的开展。

2）大学生立志创业，信念比激情、金钱和外援更重要，没有内心强大的信念，就没有拼搏的勇气，因为这是一种强烈的内在驱动力。

3）大学生要增强创业意识，转变观念，树立自信，勇敢创业，把自主创业当作大学生挑战人生的一个择业选择。

（二）创新创业理念

新时代下，政府把支持青年特别是大学生创业作为促进就业的重要内容，形成了“政府促进创业、市场驱动创业、个人自主创业”的生动局面；同时加大扶持力度，完善资金支持、税费减免、户籍迁移等优惠政策，激发创造活力，规范市场秩序，建立创新创业人才评价激励机制，努力营造能创新、敢创业、创成业的良好社会环境。

【案例2-2】

军品类电子商务网站的建设之路

铁血网创始人蒋磊是典型的大学生创业者。2001年，蒋磊刚刚进入清华大学，当时个人计算机还没有普及，他只能去机房建设自己的网页，他把自己喜欢的军事小说整合到网页上，其“虚拟军事”网页一经发布，就吸引了大量用户，第二天就达到了上百的浏览量。蒋磊很兴奋，把“虚拟军事”更名为“铁血军事网”。

2004年4月，蒋磊和另一位创始人欧阳凑了十多万元，注册了铁血科技公司，期间蒋磊还被保送直接攻读清华大学博士学位。2006年1月1日，蒋磊以CEO的身份正式出现在铁血科技公司的办公室里，经过多年的努力，目前蒋磊的公司拥有员工六百余人，其创办的网站已成为能够提供社区、电子商务、在线阅读、游戏等产品的综合平台。

新时代，可选择的创业方向也越来越与众不同，令创业者的成功事迹也变得各有千秋。

（三）树立服务观念

创业不仅要获得经济收益，还要服务社会、服务人民，将产品和服务造福于人民，从创业中实现个人的人生理想和社会价值。

（四）找准定位，合理规划职业生涯

1）大学生要把职业生涯规划作为成功创业的一个首要环节，确立自己未来的发展方向，规划就业创业的行业和职业，思考努力达到的既定目标。

2）进入学校后，大学生应树立正确的目标，并积极自主创新、努力进取，坚信“人人可创业，处处能成才”。

二、具备创业能力

创业能力是一种综合性能力的体现，具体来讲可以分为以下几个方面：

（一）创新能力

创新能力是在技术和各种实践活动领域不断提供具有经济价值、社会价值、生态价值的

新思想、新理论、新方法和新发明的能力，其具有以下特征：

1）创新能力是一种以智力为核心的较高层面的综合能力。

2）创新能力是一种运用创造性思维求新、求变、求异的探索能力。当今社会经济竞争的核心，与其说是人才，不如说是人的创新能力。例如，日本领土面积很小，但在第二次世界大战之后，经济实力增长迅速，很大程度上依靠的就是全民范围的创新。

【案例 2-3】

与其人云亦云，不如另辟蹊径

19 世纪末，有人在美国加利福尼亚州发现了黄金，于是来自世界各地的人都到那里去淘金，这就是历史上著名的淘金热。

一位 17 岁的少年也来到加利福尼亚州，想加入淘金者的队伍，可金子极难淘到，过程也非常危险。这时，他看到淘金人在炎热的天气下口渴难熬，便挖了一条沟，将远处的河水引过来，经过三次过滤变成清水，然后卖水给淘金人。金子不一定能淘到而且很危险，而卖水十分安全，他很快就赚到了 6000 美元。这名少年后来回到家乡办起了一家罐头厂，他就是后来被称为美国食品大王的亚尔默。

成功者往往都具有独到见解，能从不同的角度去看问题，进而不断产生创意，发现新的需求。

（二）人际交往能力和语言表达能力

情商对于管理者而言是在面对挫折时承受能力的体现，情商高的人不但有着较好的人际关系，而且更加善于处理生活中遇到的各方面的问题，有助于创业成功。

（三）信息处理能力

信息处理能力是一种借助信息检索工具获取信息和新知识的能力，即信息搜索和处理能力。如今是网络时代，知识随处可见，如何在数以亿万计的知识中快速地检索到对自己有用的知识，以完成工作生活中的各项任务，是创业成功必备的能力之一。

三、做好创业准备

（一）创业知识准备

狭义的创业知识是指有关创业活动、经营管理、创业模式等创业本身所运用到的相关知识。例如，大学生创业时机的选择、创业模式的确立、创业计划书的编制、开办小型企业的工商税务及法律知识、如何进行工商注册、如何融资等。广义的创业知识是指对创业实践过程具有指导意义的个体的知识系统及其结构，主要包括专业知识、经营管理知识、综合性知识等。只有系统地掌握了有关学科的基本理论和技能，才能为创业打下坚实的基础。

1. 专业知识

专业知识是指一定学科范围内相对稳定的系统化的知识体系，一般与专业、职业能力结合在一起发挥作用。

2. 经营管理知识

经营管理知识是指从事企业经营管理必须具备的管理学、组织结构、产品营销等知识体系。

3. 综合性知识

综合性知识是指发挥社会关系运筹作用的多种专门知识，其中包括外语、计算机水平，企业开办的政策、法规，工商、税务、金融、保险，以及人际交往、公共关系等知识体系。

在创业知识的构成中，经营管理知识、综合性知识与经营管理能力和综合性能力一样，具有内部资源配置和社会关系运筹的特征，并与经营管理能力和综合性能力结合在一起，共同形成创业能力，在创业活动中发挥作用。

【案例 2-4】

猪肉大王

陈生毕业于北京大学，他放弃了公务员职务，毅然下海，做过白酒和房地产生意，打造了“天地壹号”苹果醋。他进入养猪行业后，不到两年的时间就在广州开设了近100 家猪肉连锁店，营业额达到 2 亿元人民币。

实际上，之所以短时间在养猪行业取得骄人成绩，成为拥有数千名员工的集团公司的董事长，还在于陈生此前经历的几次创业“实战经验”：他卖过菜、卖过白酒、卖过房子、卖过饮料。这使他有着独到的见解：很多事情不是具备条件、做好了调查再去做就能做好，而是在自己充分了解这个行业，积累了大量别人不具备的知识之后去做更容易成功。

虽然走的还是“公司＋农户”的合作路子，但针对不同人群，却能够选择不同的农户，提出不同的饲养要求。在这样的“精细化营销”战略下，陈生终于在很短的时间内叫响了“壹号土猪”品牌，成为知名的“猪肉大王”。

（二）创业心理准备

创业心理品质是指在创业过程中对创业者的心理和行为起调节作用的个性心理特征。创业心理包括创业心态、创业意志两个方面。

1. 创业心态

积极的创业心态是塑造良好心理品质的前提。积极的创业心态要从四个方面加以培养：

1）不少大学生因对创业不了解，对创业产生恐惧心理，严重阻碍了其自身能力的施展。应战胜恐惧心理，充分发挥自身的聪明才智。

2）强大的自信心会使大学生创业者坚定地走下去，从而实现预定的创业目标。决心是一种不达目的不罢休的顽强精神，会让创业者在创业路上信心满满、坚定不移。

3）高涨的创业热情会让大学生创业者全身心地投入创业中去，有了热情，便有了排除万难、战胜困难的信心。

4）大学生创业者相对于其他群体来说具有一定的自身优势，但是一些大学生创业者在尝到一点甜头的时候，就选择安于现状、不思进取，这样的创业注定不能持久。一个成功的创业者需要有一颗永无止境的进取之心，力求做到更好，这样才能创造出属于自己的辉煌。

【案例 2-5】

高回报率的诱惑

2008 年冬天，张露按网上提供的地址找到北京一家销售木纤维毛巾的加盟连锁公司，听了招商部经理对这种成本低、利润高且风险小的产品推介，她心动了，把从亲戚那里借来的钱全换成了毛巾，并取得该公司在河南省的独家代理权。

接下来的一个月，张露兴冲冲地跑遍了周边所有学校，但没卖出一条毛巾。然后她又去居民小区推销毛巾，效果还是不好。后来她开始通过网络推销，但两个月过去了，仍没卖出一件产品。有张露这样遭遇的大学生不在少数。不少高校毕业生选择了加盟连锁的创业方式。他们从电视和网络等媒体了解到加盟连锁项目的丰厚条件，例如，企业总部提供免费指导，不收取任何加盟费用，进货达到一定数额就能获得额外奖金，低风险甚至无风险等，于是不加鉴别就开始创业了。张露本来认为自己一无资金，二无经验，选择加盟连锁会让自己开店的风险降低很多。可结果事与愿违。

一些所谓的加盟连锁企业深谙大学生创业心理，已为他们准备好连环圈套：宣称品牌在国外已有十几年甚至几十年成功运营史，实际系胡编乱造；加盟利润很高，经营好了还会返奖金和装修费；有的还会举出许多成功案例，更重要的是，投资成本仅两三万元，再加上优厚的换货条件，风险很小。这么多好处怎能不让大学生创业者心动呢？但是，加盟后会发现一切都变了：货物不如样品好，价格虚高，卖不出去回总部换货，却换到其他加盟商退回的积压品。

在创业中，要做好心理准备，因为创业是一件非常艰苦的事情，尤其在创业初期。像上文中这种轻松省事、高额回报的所谓“加盟”是不可能存在的。在创业时，一定要对创业项目进行鉴别。

2. 创业意志

创业意志是指个体能够执着地把创业行动坚持到底以实现目标的心理品质。创业意志主要由三个方面构成，即目的清晰、决策果断、有恒心和毅力。

1）目的清晰。大学生创业者要有创业规划，对自己创业的目标和前景有一个很好的预判。明确的创业目的是使创业者一心一意创业的前提。

2）决策果断。这是指大学生创业者要有魄力，敢于承担责任。创业的路途是曲折的，创业者可能面临许多选择，需要保持头脑冷静，在短时间内做出正确的选择。

3）有恒心和毅力。创业是一个艰辛的过程，面对困难和挫折时，大学生创业者不要半途而废，因为只有恒心和毅力才能助其战胜困难。

【案例 2-6】

小小的成功积累冒险的动力

一个偶然的机会，季琦发现快毕业的学生有大量日用品要处理，并且价格非常便宜，其中调光台灯是学生最需要的，而且新旧差价很大。于是，季琦就收购了大量旧台灯，先进行修理和清洁，然后再加价卖出去。

修理调光台灯对于学理工的学生来说很容易，最复杂的修理也就是换个电容；其他的多是清洁工作，很多人会做。

整件事情最难的部分就是销售，要销售这些台灯，最好的地点就是食堂门口。他摆了一个摊儿，一边吆喝，一边卖。在食堂门口吆喝叫卖，这是让多数学生都感到难为情的事，但是季琦做到了，还做得相当成功。当把这批台灯卖出去后，季琦赚了不少钱，虽然这个小小的成功不值一提，但对于在创业路上的新人来说，给了他更多冒险和尝试的动力。

【小贴士】

奶茶店创业的成功案例和经验分享

1. 喜茶的创业故事

喜茶的创始人聂云宸在2012年于广东省江门市开设了第一家奶茶店，原名皇茶ROYALTEA，后更名为喜茶HEYTEA。聂云宸凭借对茶饮市场的敏锐洞察力和不断创新的精神，将喜茶打造成为新茶饮行业的超级独角兽。喜茶的成功在于其对产品质量的坚持和对市场趋势的把握，使用真牛奶、真水果等真材实料制作奶茶，打造差异化优势。

2. 蜜雪冰城的快速扩张

蜜雪冰城以其平价产品著称，例如，2元的冰淇淋、4元的柠檬水和6元的奶茶，受到众多消费者的喜爱。蜜雪冰城经过20多年的发展，全国门店数量已超过两万五千家，覆盖了31个省区市，并在积极开拓海外市场。蜜雪冰城的成功在于其平价策略和快速扩张的加盟模式。

3. 霸王茶姬的国潮风格

霸王茶姬在短短几年时间内，门店数量就达到了几千家，遍及全国几百个城市。霸王茶姬创业者认为在餐饮赛道，离开规模谈品牌影响力是空中楼阁。因此，霸王茶姬在资本和加盟战略上走得很坚决，通过“原叶茶+鲜奶”的逻辑打造大单品，讲好中国奶茶的故事。

4. 奶茶店创业经验分享

1）市场调研：在选择开店地点时，要仔细研究目标市场的消费者需求、竞争情况、人流量等因素。

2）注重产品质量和服务体验：为了吸引顾客并建立良好的口碑，需要提供高品质的产品和卓越的服务。

3）营销推广：可以利用社交媒体、线上平台，以及传统的宣传方式来宣传店铺的特色和优势。

4）成本控制：合理规划原材料采购、设备使用和人员配置，降低浪费和损耗，提高经营效益。

5）持续创新和学习：密切关注市场趋势和消费者需求的变化，及时调整产品和服务，保持与时俱进。

【实践练习】

1. 市场需求敏感度测试

1）观察校园内外的商业活动，选择一个你觉得经营状况不佳的店铺或服务项目，分析其可能存在的问题。

2）针对这些问题，提出改进后的创业方案，包括如何调整产品或服务、价格策略、营销渠道等方面，使其更好地满足市场需求并有可能获得成功。

2. 机会成本评估

1）假设现在有一个创业机会，需要你投入大量的时间和一定的资金，同时你也有其他选择，如进入一家知名企业工作或继续深造。分析选择创业相对于其他选择所放弃的机会成本。

2）思考如何权衡这些机会成本，并决定是否抓住创业机会。

第三节　创业过程与创业阶段

一、创业过程

对创业过程的研究主要有两方面视角。国外学者奥利夫（Olive，2001）从创业者个人的事业发展角度出发，将创业过程分为 8 个阶段，如图 2-1 所示。

创业过程研究的另一个视角是按照时间顺序对创业的发展过程进行阶段划分。在不同的创业时期，不同新创企业的活动侧重点和外部市场情况都会有所不同，所需要的创业管理经验和技能也有区别，需要创业者制订不同的战略，开展不同的行动。基于大量创业的具体实践，可将创业过程划分为机会识别阶段、新企业创立阶段、初创期、成长期和收获期 5 个阶段，如图 2-2 所示。

该过程的核心是企业组织的创建和发展，创业者的所有创业活动都围绕企业组织的良好发展来运行。这种划分方式可以更清晰地确定创业的主线索，并与创业的各个关键要素相结合，有利于创业者明确创业各阶段的特征和要求。

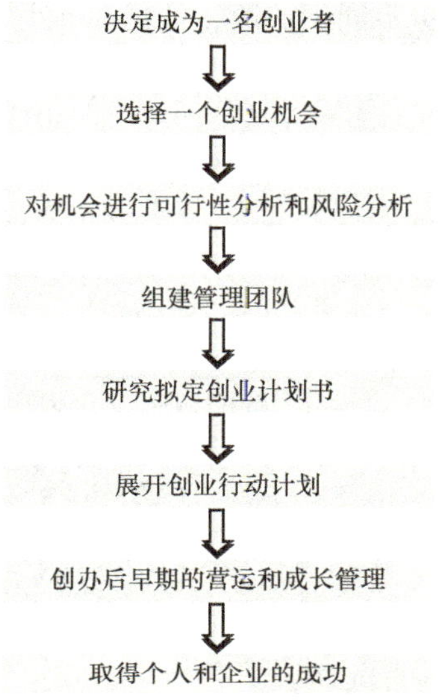

图 2-1　创业过程（从事业发展角度）

图 2-2　创业过程（从时间角度）

二、创业阶段

（一）机会识别阶段

创业者为自己的创业选择做好心理准备，并开始有意识地挖掘创意和找准机会，在瞄准某一商机后，创业者还需进一步建立与之相适应的商业模式，为下一步新企业的创立做好准备。纽约大学柯兹纳教授认为机会就是未明确的市场需求或未充分使用的资源或能力。机会具有很强的时效性，甚至瞬间即逝，一旦被别人把握住就失去了先机。而机会又总是存在的，一种需求被满足，另一种需求又会产生；一类机会消失了，另一类机会又将产生。大多数机会都不是显而易见的，需要去发现和挖掘。

（二）新企业创立阶段

创业者找到了商业机会并选择了与之匹配的商业模式后，就可以考虑如何将商业机会转化为现实的企业。进入这个阶段，就意味着创业真正开始，创业者也将面对创立新企业时会遇到的种种问题，并需要在该阶段完成以下几个重要的任务：

1. 组建创业团队

创业活动的复杂性决定了事务不可能由创业者一个人完全包揽，必须通过组建分工明确的创业团队来完成。

2. 编制商业计划

商业计划是创业的一个良好开端，在商业计划书中需要详细阐述新创企业的核心产品及技术、企业面临的市场竞争状况，规划企业的盈利模式和市场前景，同时还需介绍创业团队的组成、创业资源的整合情况，以及新创企业的发展战略和企业在未来发展中可能遇到的问题及应对方案等内容。

3. 创业融资

资金是新企业创立中的首要问题，创业融资不同于一般的项目融资，新创企业的价值评估也不同于一般企业的价值评估，因此需要发展一些独特的融资方式，常见的融资方式如图 2-3所示。

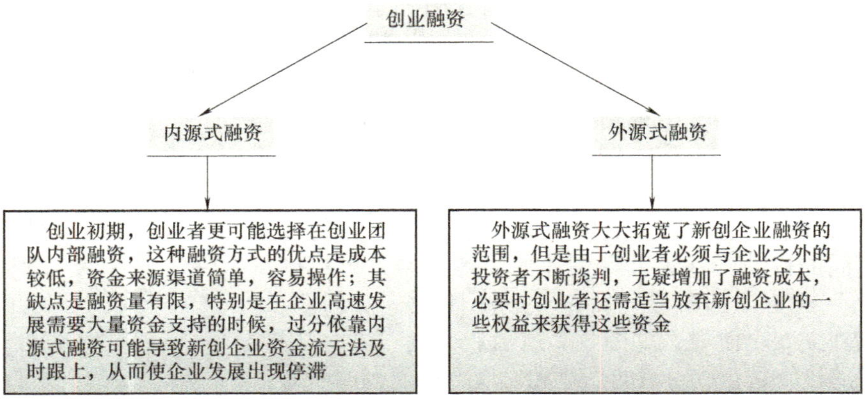

图 2-3　融资方式

4. 开业准备

创业者及其团队应在该阶段确定企业名称、选择适合企业经营特点的地址、设计符合企业发展要求的规章制度，并了解有关企业设立和工商注册登记的有关法律法规，从而赋予企业合法身份。具体准备工作包括企业工商登记、税务登记、生产、销售、出纳、会计等基本部门和岗位的设立、人员招聘及工作安排、业务程序确定、生产及办公等设备用具的采购等事项。

（三）初创期

初创阶段是企业的高风险期，刚诞生的企业很弱小，对来自市场或企业内部损伤的抵御能力差，因此是对创业管理水平要求最高的阶段。该阶段企业的管理特点如下：

1）谋求企业生存是创业者的主要任务。那么如何生存呢？答案是盈利。在这个阶段，企业亏损—盈利—亏损—盈利，可能要经历多次反复，直到最终持续稳定地盈利，才算度过了创业的生存阶段。

2）新创企业外部融资条件苛刻，必须依靠自有资金提高盈利能力。企业可以承受暂时的亏损，但不能承受现金流的中断。创业者必须锱铢必较，像花自己的钱那样花企业的钱，千方百计增收节支、加速周转、控制发展节奏。

3）此时企业大多采用“所有人做所有事”的团队管理方式。尽管企业建立了正式的部门机构，但很少按正式组织方式去运作。典型的情况是哪里急、哪里紧、哪里需要，就都往哪里去，职能划分粗放，工作界限模糊。但是，每个人都清楚组织的目标和自己应当如何为组织目标做贡献，没有人计较得失，没有人计较越权或越级，相互之间只有角色的划分，没有职位的区别。因此，该阶段往往是培养团队精神的关键时期，这种精神也将逐步发展成为未来企业文化的核心。

4）该阶段的领导者通常有比较强的意志，并需要亲自深入参与企业经营的很多运作细节。如直接向顾客推销产品，与供应商谈判折扣，到车间追踪顾客订单，在库房里装车卸货，策划新产品方案，制订工资计划等。这种亲力亲为有利于创业者对经营全过程的细节了如指掌，从而将企业越做越精。

【案例 2-7】

车库法则

惠普公司从车库开始创业，如图 2-4 所示，从车库一步步发展起来，成为硅谷首屈一指的神奇佳话。

图 2-4　惠普赖以起家的车库，也是硅谷精神的发源地之一

惠普公司自成立以来，虽然也随着企业的快速成长有所改变，但其独特的价值观和公司文化却依然保持不变。据说，惠普公司硅谷办公室的墙壁上，至今还悬挂着一幅“惠普风范”的海报，海报的背景就是当年惠普创业时的简陋车库。

（四）成长期

初创阶段持续的时间因市场变化和企业自身管理等因素而不同，短则几个月，长则可达 2～3 年。若企业经过了生存的困难期并幸存下来，便会进入快速发展的成长阶段。在该阶段，企业的销售额不断攀升，逐渐形成稳定的客户与现金流，并在市场上拥有一定的声誉。随着高素质人才进入企业，企业的整体素质不断提升，同时，企业组织也开始由人员导向向结构导向调整，企业的各种管理制度逐渐完善，控制力也得到加强。资金收入的增加使企业有了进一步扩张的实力，原本非常困难的外部融资也变得较容易。创业者和企业员工都充满自信，甚至有些自豪，整个企业呈现一片欣欣向荣的局面。

（五）收获期

在经历了快速成长期后，企业已经达到一定的规模，具有相当的盈利水平，此时，有些创业者为了收获创业价值或被新的创业机会吸引会选择退出企业。对科技型企业的创业者而言，主要有三种退出方式：一是通过首次公开发行股份，使创业投资主体持有的不可流通股份转变为可交易的上市公司股票，但该方式对企业条件要求苛刻，费用昂贵，因此所占比例不高；二是转售，即创业者将所持有的股份卖给其他投资者；三是企业并购，常见的做法是企业被某大公司兼并，创业投资者通过与大公司交换股票从而退出创投企业。当创业投资主体打算尽早撤离，创投企业经营业绩稳步上升且尚不满足公开发行条件，或者决定通过战略联盟扩充实力时，企业并购就成为最佳退出方式。企业并购有助于新兴企业充分利用大公司的雄厚资金增强研发能力、提升核心竞争力，收购方则希望借助企业并购完成自身的战略目标。

创业者也可以选择继续独立经营，但为了防止企业"家族化"或因为创业者个人能力的限制导致企业发展出现瓶颈，创业者往往需要适时地对自己重新定位，制订企业进一步的发展战略。根据企业的生命周期理论，经历成长期后，企业就会进入发展的巅峰状态——成熟期。但是，这种巅峰状态需要精心呵护才能持久。因为在成熟期，企业会面临创新精神衰退和创新力下降的问题。企业的创新力沉睡时间过长，就会影响满足顾客需要的能力，导致企业市场竞争力的下降。虽然企业成熟阶段的管理通常不是创业管理研究的范畴，但企业要实现长期发展，同样需要创业精神的激发和维持。

通过对以上 5 个阶段的分析，结合创业者在创业过程中的事业发展和选择，可以构建一个过程模型以更清晰地表达创业过程的各个步骤，如图 2-5 所示。

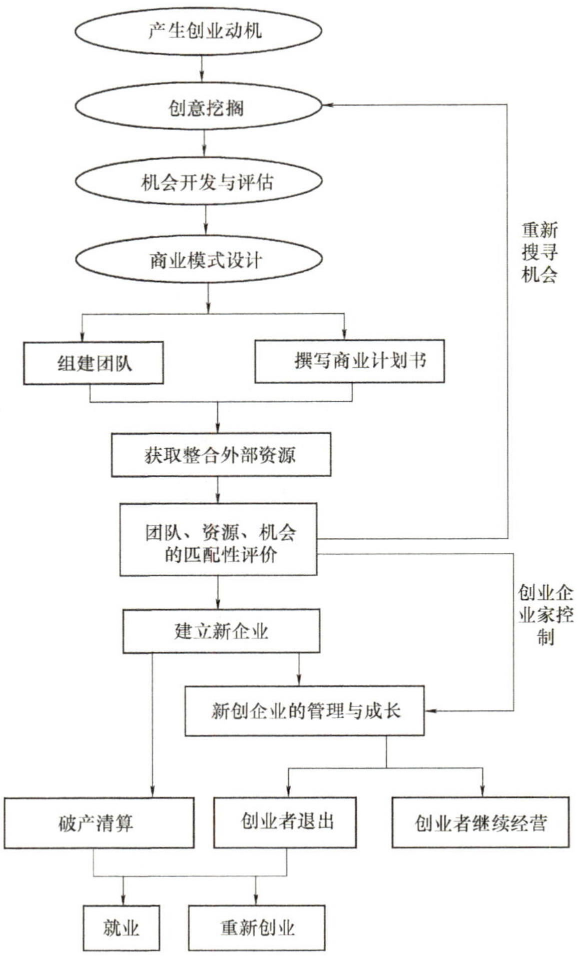

图 2-5　创业过程模型

从理论上讲，结构化的创业流程有助于对创业管理活动的了解，但事实上，创业并没有统一的流程，各种活动之间也没有绝对的先后顺序。在不同的创业案例里，企业的创立和发展存在共性，也存在个性，如不同企业在不同阶段经历的时间长短不一，结果也不同，有的企业可能在机会识别阶段反复进行，以确保机会的可行性，有的企业或许要在获取整合创业资源阶段费尽心力，而有的企业可能跳过其中的某些流程如撰写商业计划书而直接进入下一阶段，这往往和创业者创业时的情景、创业者的能力及特征、社会资源等因素相关。

【案例 2-8】

掉渣饼的昙花一现

小小烧饼，成就了一个女大学生的创业梦想。年仅 27 岁的晏琳曾是火爆江城的掉渣饼公司的老板，短短 5 个月，她的烧饼连锁店就发展到了 22 家。

2001 年 9 月，晏琳大学毕业后，进入一家民营环保企业，从具有挑战性的业务员做起，主要负责推销污水处理成套设备。经过几个月的学习，她不但开辟了新的市场，而且也升任为新地区的经理，但一心想有所作为的晏琳，最终还是毅然放弃了这份工作。

在3个多月的工作中，晏琳一直在思考着创业的问题，突然有了一个想法：烧饼，当地的土家烧饼。

从小到大，晏琳最爱吃外婆亲手做的烧饼。外婆曾是一家饮食服务公司的厨师，做的烧饼远近闻名，而且她知道哥哥学到了外婆的手艺。但去卖烧饼的想法遭到家里人和男友的一致反对。固执的晏琳并没有轻易放弃，后来哥哥答应她一起去武汉试试。

2005年2月，晏琳开始筹备开店。由于缺少资金，她动用了所有的关系，从亲朋好友那里借来了4万多元。她将店面装修得颇有特点，而且给自己的烧饼取了个朗朗上口的名字——掉渣儿。接着，晏琳又忙活着购买设备、设计包装。定价也是件头疼的事。经过再三考虑，晏琳决定把烧饼定价为2元。

2005年3月的一天，晏琳的烧饼店开张了。当天凌晨3点，她就起床与哥哥一起忙着揉面粉、烤烧饼。刚开始担心卖不出去，兄妹俩第一天试探着只做了25千克面粉的烧饼。令晏琳没有想到的是，仅2小时，她的200多个烧饼就卖光了。上午10点，她就不得不提前打烊。

此后，晏琳欣喜地发现，前来购买烧饼的人越来越多，她每天做多少就能卖多少，生意异常火爆。随着人气越来越旺，晏琳的烧饼店名气也越来越大。每当店门一开，门口就排成一条长龙，这令她十分欣慰。

2个月后，晏琳在汉口开了第2家烧饼店，旺盛的人气使她再次取得了成功。

2005年7月，为了把市场前景十分看好的烧饼做成品牌，晏琳注册成立了烧饼公司，进行规范化运作并扩大规模。烧饼店门前火爆的场面吸引了众多加盟商。短短几个月，晏琳发展了19个加盟店。

晏琳的成功使得烧饼业的生意迅速崛起，安徽徐元宏、上海新道耿伍德等创业者相继出现，并对“土家”文化做了进一步的演绎。

但是，到了2006年2月中旬，位于上海天钥桥路、合肥芜湖路上的两家土家烧饼店倒闭了，似乎预示着土家烧饼热潮的退却，消费者的热情开始消退。紧接着有些网站以3000元、100元、80元，甚至38元的价格公开叫卖土家烧饼的配方、设备材料供货商名录、店头设计标准等资料，似乎更进一步注定了土家烧饼走向衰退。到了4月，上海、南京等地更多的土家烧饼店纷纷挂出了“本店转让”“设备转让”等告示。自2005年年中至2006年初，土家烧饼经历了大起大落的“变局”，由起点加速起跑，盛况空前，然后催生各式土家烧饼“百家争鸣”，到遭遇尴尬，接下来则戛然熄火，黯然落败。

探究其失败原因，主要有以下三点：

（1）商标意识薄弱，缺乏整体规划　晏琳2005年3月开店，却拖到7月才开始提出商标注册。作为一个商家最先考虑的应该是对自己商标的保护与占有，而晏琳当时建立“掉渣儿”品牌，只是临时取的一个名字，等到生意火了，才想到要申请商标保护。可见，晏琳缺乏品牌经营的意识，对自己的企业经营缺乏整体规划。

（2）结而不连，联盟松散　“掉渣儿”品牌没有连锁整体，没有统一管理、统一原材料、统一配方、统一物流配送、统一采购，主要是通过母店用技术转让的方式开连锁子店，而这些子店和母店之间并没有互相约束关系，整个联盟是很松散的；就餐方式是排队购买，用牛皮纸袋装起，边走边吃，宣传推广主要靠口碑相传。相比之下，肯德基等连锁店的店面一般选址于街区闹市；店面规格多为200m^2以上，装修标准统一，内部舒适雅致；同时各个连锁店有统一的专业培训；除外卖外，就餐主要在室内，服务周到。

如果晏琳能够开发一套设计科学、流程合理、高效运转的标准化的可复制系统，并以这个系统规范所有的连锁店，以标准化商品、服务和生产设施亮相市场，也许“掉渣儿”品牌就不会失败。

(3) 在丢失独有特色同时，也缺乏创新精神 “掉渣儿”作为小本生意，科技含量较低，它的制胜之处就在于其独特性。晏琳为了扩大企业规模，在短时间内进行特许加盟，一些加盟者对经营模式缺乏了解，盲目加盟。同时加盟门槛太低（加盟费用最低只要1000元），不注意保护核心配方。到了最后甚至有人在网上低价兜售烧饼配方，严重违背了诚信原则。同时，晏琳没有认清市场形势，缺乏创新精神，导致“掉渣儿”品种单一、口味单一，没有核心竞争力。这也直接导致了在“掉渣儿”烧饼被大量仿冒的情况下无力反击，最终失败。“掉渣儿”烧饼连锁店本是一个很有民族特色、很有创意的创业模式，却因种种原因而失败，其中的经验教训是值得借鉴与学习的。

【实践练习】

1. 创业动机分析

假设你要创业，列出三个最主要的动机（如实现财务自由、追求个人兴趣、解决某个社会问题），并详细阐述每个动机背后的原因。然后，思考这些动机将如何影响你在创业过程中的决策。

2. 风险偏好评估

想象你有两个创业项目选择：项目 A 有 60% 的概率获得较高利润，但有 40% 的概率亏损；项目 B 有 90% 的概率获得较低利润，只有 10% 的概率亏损。你会选择哪个项目？并说明理由，并思索你的选择反映了怎样的风险偏好，这种风险偏好对你的创业方向和策略有什么影响？

3. 创新意识测试

以常见的大学生活场景（如宿舍生活、上课、参加社团活动）为背景，提出三个具有创新性的创业想法。每个想法要包括目标客户群体、独特的产品或服务、可能的盈利模式，并分析这些想法的创新性体现在哪里。

4. 校园创业环境调研

对所在学校的创业环境进行调研，内容包括学校对创业的支持政策（如资金支持、场地提供、创业课程设置）、校内已有的创业团队或企业的数量和类型、校园内的创业氛围（如学生对创业的关注度、参与度）。通过调研，总结学校创业环境的优势和不足，并提出改进建议。

5. 市场竞争环境分析

选择一个你感兴趣的创业领域（如校园餐饮、校园文具零售），分析该领域的市场竞争环境。列出至少三个主要竞争对手，并分析他们的竞争优势（如价格优势、产品特色、品牌知名度）和劣势（如服务质量、经营范围）。然后，根据分析结果，提出你的创业项目在竞争中可以采取的策略。

6. 资源获取途径探索

假设你要在校园内开展一个新的创业项目，需要资金、场地、器材、人员等资源。列出你获取这些资源的可能途径，并分析每种途径的可行性和可能遇到的困难。

第三章

创新技法与创业资金筹措

素养目标

1. 培养创新意识与创业精神，树立正确的价值观和职业道德观。

2. 培养坚韧不拔的意志品质，面对创新和创业的困难与挫折，能够保持积极乐观的心态，坚持不懈地追求目标。

3. 增强民族自豪感和文化自信，激发传承和弘扬中华优秀传统文化的热情。

学习目标

1. 理解创新技法的概念、特点、分类及具体应用。

2. 掌握创业资金筹措的方法、融资方式的选择原则，以及无资本创业的案例和思路。

3. 熟练运用各种创新技法解决实际问题。

4. 培养创新意识和创业意识。

案例导读

在创新与创业的领域中，诸多生动案例为我们照亮前行的道路。

丰田汽车公司凭借“五个为什么”分析法，深入挖掘机器停机的根本原因，进而解决问题，突显深度思考和探寻本质在创新中的重要性。松下电器聚焦消费者需求，在洗衣机、空调、冰箱等产品上不断创新，满足人们对品质生活的追求，展现以用户为中心的创新思路。小米公司通过头脑风暴，广泛收集创意，成功打造出深受年轻人喜爱的小米手环，证明团队智慧碰撞能激发无限创新活力。共享单车整合传统自行车、共享经济与互联网技术，解决城市出行难题，是组合创新的典型范例。罗·道密尔收购濒临倒闭的玩具厂，优化管理后实现扭亏为盈，揭示了低风险创业的可行路径。这些案例各有亮点，蕴含宝贵经验，等待我们去学习借鉴。

第一节　创新技法

一、创新技法的特点与分类

每个人都具有创新的潜力，但仅有创新的潜力、创新的意识，没有创新的方法，创新就永远只能停留在“点子”阶段。好的创意出现后，需要以某种方法或技巧为先导，经过反复实践和探索，才能取得创新的成功。

创新技法是指以创新思维的基本规律为基础，通过对大量创新的成功经验进行归纳、分析、总结而得出的创新、创造与发明的原理、技巧和方法。可以说，创新技法就是创新经验、创新技巧及创新方法的总称。它是一种人们根据创新原理解决创新问题的创意，是促使创新活动取得成效的具体方法和实施技巧，是创新原理、技巧和方法融会贯通及具体运用的结果。

（一）创新技法的特点

综合来看，创新技法具有以下特点：

（1）应用性　应用性是指创新技法具有一定的引导性和可操作性。创新技法大多数比较具体，不是一般意义上相对模糊、笼统的方法。有步骤、有技巧地运用创新技法，能够有效引导创新思维进一步深入，也能够把创新理论和创新实践对接，并用于指导实践，从而促使创新思维向创新成果转化。

（2）技巧性　技巧属于“方法”的范畴，创新技法在运用时需要丰富的经验与技巧等因素的参与。因此，创新技法的掌握需要多实践、多运用、多练习。一般来说，原理是解决问题的基础，方法是解决问题的前提，技巧是解决问题的保证。

（3）程序化　尽管创新技法主要运用于创新的过程，但是作为一种方法、技巧，必须遵循一定的程序，遵守一定的规则，具有明确的实施步骤。有些从创造发明中凝练出来的方法，更具有严密的逻辑性。

（4）多样性　在人类创新的历程中，由于创新的领域不同、阶段不一样，所面对的问题和使用者不同，相应地有不同的创新技法，而且应用创新技法时必须因人、因地和因时制宜。因此，创新技法的种类越来越丰富，也越来越多。

（二）按照创新活动的范围分类

（1）工艺创新技法　我国秦汉时期的缫（sāo）丝法、三国时期蜀国人蒲元所创造的钢铁冶炼淬火法、北宋毕昇发明的活字印刷术等，这些由古代劳动人民创造的为世人所瞩目的工艺和技巧，是从成功的创造经验中直观总结出来，并从实践中得到证实的方法。工艺创新技法是创造活动的物质过程和手段，多应用于某些部门或某项技术，具有一定的特殊性。

（2）能力创新技法　如重在激发创新性设想的奥斯本的头脑风暴法、我国的和田十二法，以及发明与创新的方法及创新问题的解决方法 TRIZ 理论等，它们注重对主体创新能力的开发和培养，是对创新创造活动的方法指导，具有普遍性意义和广泛的应用价值。

（三）按照创新活动的过程分类

（1）问题提出技法　爱因斯坦说过：“提出问题往往比解决问题更重要……而提出新的问题、新的可能性，从新的角度去看旧的问题，都需要有创造性的想象力，而且标志着科学的真正进步。”通过设问法、列举法等创新技法，能够帮助我们找到有价值且力所能及的创新点，即“创新什么”。

（2）问题解决技法　这是创新活动的核心部分，也是充分展现主体创新能力的部分，即“怎样创新”，主要包括组合法、逆向转换法、联想法及 TRIZ 理论等。

【案例 3-1】

竖鸡蛋

哥伦布发现新大陆之后，有人认为哥伦布不过是将船一直开，碰巧遇到了海洋中的一块陆地，完全靠运气。

但哥伦布却认为发现新大陆并不是任何人都能做到的。

在宴席上，哥伦布请人们把鸡蛋竖在桌子上而不倒下来，许多人做了尝试，却没有一个人能成功。最后，哥伦布磕破蛋壳，轻而易举地将鸡蛋立住了，他说：“现在谁都会了。”

能够有效地提出问题，然后找到合理的解决方法，再有些创造性思维，那么就可以活用已有知识，寻找新关系、新方案，运用新颖、独特的手法来解决问题。就如上文中哥伦布所用的方法，其实答案往往非常简单，只看你有没有这样非常规性的思维。

（四）按照创新活动的主体划分

（1）个人创新技法　创新活动主体为个人时，即可采用缺点列举法、自由联想法、卡片法等创新技法。

（2）团队创新技法　这是由两人以上的群体共同进行创新创造活动所能采用的创新技法，如头脑风暴法、六三五法、综摄法和 TEAM 法等。

事实上，各类创新技法在运用过程中并无绝对的界限，而是相互交叉、互为补充的。在学习、运用创新技法时，要注意灵活运用，不为方法所局限。当某些方法成为创新的阻碍时，要勇于突破现有方法，创造新的方法。

二、常用的创新技法

（一）设问法

创新的关键是能够发现问题、提出问题。设问法就是以提问的方式开发创新点，提出创造性设想的一种创新技法。通过多问“是什么”“为什么”“如何……”，寻找创新发明的途径，帮助人们突破思维与心理上的障碍，从多方面、多角度来引导、拓展创新思路。这种方法的应用范围较为广泛，适用于各种类型的创新，主要包括奥斯本检核表法、5W2H 法、和田十二法。

1. 奥斯本检核表法

当我们要出差或购物时，经常会提前把需携带或购买的东西罗列出来，做一张清单，方便核对，以免遗漏。在进行创新活动时，也需要围绕待解决的问题或创新对象的特点列出表格，用逐一提问的方式确定创新设想，这就是奥斯本检核表法，一种能够启迪思路、开拓想象空间、促进人们产生新设想、新方案的方法，被誉为“创造技法之母”。

亚历克斯·奥斯本是美国创新技法和创新过程之父。他于 1941 年提出了世界上第一个创新发明技法——头脑风暴法。在他出版的世界上第一部创新学专著《创造性想象》中，提出了奥斯本检核表法。

奥斯本检核表法共有 75 个问题，可简化归纳为 9 个方面，见表 3-1。

表 3-1　奥斯本检核表

序号	项目	内容
1	能否他用	现有实物有无其他用途，稍加改进能否扩大用途
2	能否借用	能否引入其他创新设想，能否借鉴别的经验、技术，能否模仿别的东西
3	能否改变	能否对现有事物做些改变，可否改变颜色、声音、味道、形状、式样、花色、品种、大小、运动形式、意义，改变后效果如何
4	能否扩大	能否扩大使用范围、增加功能、添加零部件、增加高度、增加强度、增加价值、延长使用寿命
5	能否缩小	能否改变事物的体积、重量、厚度，调整大小、高低、长短，进行拆分、简化、方便化、自动化
6	能否替代	能否用其他材料、元件、原理、方法、结构、动力、工艺、设备代替
7	能否调整	能否对顺序、位置、布局、程序、日程、计划、规格、速度、模式、规范、关系进行调整
8	能否颠倒	事物的上下、左右、横竖、前后、里外、正反、主次、正负、因果能否颠倒
9	能否组合	能否把事物、原理、方案、材料、形状、功能、部件、目的进行组合

奥斯本检核表法几乎可以适用于任何类型、场合和领域的创新，对创新思维具有较强的启发性。它以设问的形式和特定的模式提出，帮助人们思考，有利于突破被动型思考的心理障碍。它限定的 9 个方面基本全面覆盖了思考的各个方向和角度，以发散的形式让人们按照

提示的方向寻找创新的实现点，开拓创新思路。下面我们以每一个检核项目为例来说明如何操作。

（1）能否他用　人们从事创造活动时，往往沿这样两条途径：一种是当某个目标确定后，沿着从目标到方法的途径，根据目标找出达到目标的方法；另一种则与此相反，首先发现一种事实，然后想象这一事实能起什么作用，即从方法入手将思维引向目标。后一种方法是人们最常用的，而且随着科学技术的发展，这种方法将得到越来越广泛的应用。

现有实物有无其他用途？稍加改进能否扩大用途？想一想身边的很多事物，它们除了常规用途，还能用来做什么。例如，灯具除了可以日常照明，还可以做霓虹灯广告、交通信号灯、警告灯、浴霸；可以用于红外线夜视仪、紫外线杀菌器、消毒设备、灭蚊灯、晒图机、荧光显微镜、验钞机；可以做孵化器里的保温灯、促进植物生长的照明灯；现在还流行用废弃的灯泡 DIY 做成花瓶等工艺品……当我们对现有事物打开想象的大门时，会发现它们竟有那么多用途。

用同样的方法，可以想想生活中常用的物品，如牙刷、纸杯、饮料瓶还具有什么用途？

（2）能否借用　俞敏洪说：“很多人谈创新，认为就是做别人没有做过的事情，但大部分创新，都是在前人成就的基础上更进一步。如果有人登上珠穆朗玛峰时能带上一个梯子，站在梯子上他就达到了别人从来没有达到的高度。如果说登上珠穆朗玛峰是前人的成就，那梯子就是个人的创新，通过创新达到新的高度。”

从无到有创造出一个新的事物对大多数人来讲是比较困难的事情，而借用别人的方法，对于普通人群，特别是缺乏丰富想象力和未经过专业训练的人来说，则是一种较易取得成功的方法。在现有事物、学科的基础上，借鉴其他事物或学科的设想、原理、方法、技术等，可以轻易实现创新。借用往往是创新创造的起点和启发灵感的钥匙。

（3）能否改变　生活中很多产品的创新都是在原有基础上做改变，从而满足人们新的需求、赢得市场。例如，洗衣机的结构一直在改变，从单桶到双桶、套桶，开门有前开、顶开。而海尔全瀑布双桶洗衣机则是将迷你洗衣机与滚筒洗衣机结合为子母式洗衣机，“母桶”采用立体喷射水流，“子桶”采用垂直水流。人们可以将不同的衣物分开洗，大件衣物同时洗，小件衣物及时洗。这些都是结构上的改变。

再如格兰仕推出的彩色空调，颠覆了人们头脑中认为空调应当是白色的观念，顾客需要什么颜色，格兰仕的空调就涂上什么颜色，这场“色彩革命”带来了销售量的大幅提升。这仅仅是在颜色上做些改变而已。

还有汽车，有时改变一下颜色，就会增加美感，从而增加销售量。

（4）能否扩大　从“增加”的角度对事物做一些改变，让原有事物大一点、多一点、厚一点或许就能够产生新的事物。

扩大面积：把帽檐扩大，可以创造出适合抱小孩的、母亲用的“帽伞”；把雨伞、遮阳伞加大，就有了适合电动车、自行车使用的多用伞。

延长使用寿命：对袜子易磨损的袜头和袜根部分加固加厚以使袜子更耐穿。

添加附加功能：法国科学家贝奈狄特斯将一层聚碳酸酯纤维层夹在两层玻璃中间，制成了一种防振、防碎或防弹的安全玻璃，让玻璃具备了新的性能。

（5）能否缩小　这是和扩大相对应的方法，思路沿着相反的方向，对事物进行压缩、拆分、省略、分解，从而产生新的事物。对事物的体积进行调整而进行的创新是较为常见的方法。

之前的相机，体积较大，主要是专业人士及摄影发烧友购买。一些相机厂商生产出“小巧、轻便、便携、时尚”的新式卡片相机，缩小了体积，赢得了大众消费者的喜爱。

方便、简化也可以是产品的创新，例如，速冻食品、方便面、方便米饭的出现迎合了时代的快节奏，方便了人们的生活。

创新还可以是理念的创新，如全球快餐巨头麦当劳，把为顾客提供便捷、周到的服务放在首位，站在消费者的角度考虑问题，每位服务员都身兼数职，负责照管收银机、开票和供应食品等，把所有的食物都事先盛放在纸盒或纸杯里，顾客只要排一次队，就能取到他们所需的全部食物，这种化繁为简的经营模式赢得了消费者的欢迎。

（6）能否替代　替代的创新主要是指用新的材料、元件、技术、方法等代替原有的要素，以便使产品有更好的性能、更高的质量、更低的成本。这也是现实生活中十分常见的一种产品创新方式，通过替换性能相似、更易获取、价格更低、更环保的新能源、新材料和新技术，可以提高产品的工艺性能、质量特性及商业效果。

英国人发明出一种碳纤维自行车，通过模子制成整体型车架结构，因无焊点而强度更高、重量更轻，英国选手克里斯·博德曼凭着这种自行车在全英自行车锦标赛上大出风头。

用人造产品，如人造丝绸、人造大理石、人造皮革等代替日趋匮乏的天然资源，也是一种创新。

除此之外，如用充氩的办法来代替电灯泡中的真空，使钨丝灯泡提高亮度。通过取代、替换的途径也可以为想象提供广阔的探索领域。

（7）能否调整　对原有事物进行重新安排、排序，换个角度看待问题，也能产生创新性的设想。例如，商场、超市节假日期间延长营业时间，增加宣传海报、装饰物等；增加产品促销手段，如折扣、“买送”活动等。以上对时间、布局及销售方式进行调整的方式均可获得更好的经营效果。

另外，商店柜台的重新安排、营业时间的合理调整、电视节目的顺序安排、机器设备的布局调整，所有这些行为都可能产生更好的结果。

互联网时代到来带来的变化不亚于工业革命的商业模式创新，如连锁业中的前店后厂、整店输出、直销模式，IT 业中的电子商务（B2B，B2C，C2C）、2.0 社区模式，服装业的 PPG 模式等，它们能为企业带来战略性竞争优势，成为新时期企业应具备的关键能力。

（8）能否颠倒　这是一种反向思维的方法，它在创造活动中是一种颇为常见和有用的思维方法。第一次世界大战期间，有人就曾运用这种“颠倒”的设想建造舰船，建造速度有了显著提升。

颠倒主要是指运用逆向思维方式从相反的方向着手寻找创新途径的一种方法。很多事物都存在相反的两个方面，如上与下、左与右、前与后、内与外、开与关、正与反等，人们往往只注意到一面而忽视了相反的一面，从而错失了许多创新机会。如果我们用叛逆、颠覆的眼光认真观察周围的事物，或许会产生一些全新的事物。

例如，把皮革里外反过来成为翻毛制品，将耐用的物品替换为廉价、卫生、方便的一次性勺子、筷子、饭盒、纸巾，都是反向思维的实例。再如，将电风扇依靠电力转动的原理颠倒过来就可以设计出风力发电机。在服务业中，如果管理者能够做到换位思考，从顾客的角度设想他们的需求，将会发现一些改进管理的好方法。

（9）能否组合　组合是把现有事物的各个要素联系起来、重新架构，从而获得新事物的方法，其形式主要包括叠加、复合、化合、混合、综合等。在生活工作、生产科研、服务管理等各种社会活动中，组合创新经常发生，是当前比较常用、较为核心的创新方法。

例如，美国苹果公司把 MP3 和 iTunes 组合起来变成 iPod，再把 iPod 和手机组合起来变成 iPhone。

从以上 9 个方面可以看出，运用奥斯本检核表法进行创新，首先需要选定一个有待改进的主题或对象，然后在原有的基础上加以改进完善。因此，对于产品创新、设计创新来讲，这种方法基本属于改进型的创意产生方法。而如果把一种原理引入另一个领域，也有产生原创型创意的可能。我们还可以运用此方法设计一些其他的产品，充分挖掘创造创新点。

2. 5W2H 法

“5W”是五个英文单词的词头，即“What、Who、When、Where、Why”，翻译成中文就是“何事、何人、何时、何地、何因”，这原本是新闻写作的五大要素。“2H”即“How、How much”，翻译成中文是“怎样做、需要花费多少”。5W2H 法通过提出 7 个方面的问题，发现解决问题的线索，寻找发明思路，进行设计构思，从而获得解决方案或创新方案。具体的应用程序如下：

（1）原因　为什么，为什么要这么做，理由何在，原因是什么，为什么要创新，创新的重点是什么，为什么要这样设计制作（颜色、形状、声音、规格等）？

（2）对象　做什么，研究什么问题，做什么工作，条件是什么，目的是什么，重点是什么，功能是什么，规范是什么，关系是什么？

（3）地点　何处，在哪里做，从哪里着手创新、改造、改变，到哪里结束？

（4）时间　何时，什么时间开始，什么时间完成，什么时机最适宜，多长时间最合理，什么时间是关键点？

（5）人员　何人，由谁来承担，谁负责，谁完成，谁协助，和谁有关系？

（6）方法　怎样做，流程是什么，方法是什么，如何节约成本，如何实施，如何提高效率，如何避免失败？

（7）程度　多少，做到什么程度，投入多少，规模多大，范围多大，数量多少，质量水平如何，费用如何，产出如何，能维持多长时间？

3. 和田十二法

和田十二法是指人们在观察、认识一个事物时，若能从加一加、减一减、扩一扩、缩一缩、变一变、改一改、联一联、学一学、代一代、搬一搬、反一反、定一定的角度出发来思考，就能从中受到启发，产生许多创新性设想。

和田十二法和奥斯本检核表法十分相近，其具体内容如下：

（1）加一加　把一件物品加大、加高、加长、加宽、加厚、加多、组合，会变成什么样子？

（2）减一减　把物品减轻、减少、减短、减窄、减薄、减低、省略、分割，可以变成什么，把原来的操作减慢、减时、减次、减序会有什么效果？

（3）扩一扩　把物品放大、放宽、扩展功能、扩大应用领域，会有什么变化？

（4）缩一缩　把原有物品压缩、缩短，能变成什么东西？

（5）变一变　物品在形状、颜色、功能、结构、浓度、密度、音响、味道、气味、对象、场合、时间、顺序、方式上能否改变？

（6）改一改　物品的缺点、不足、不便、不安全、不美观之处如何改进？

（7）联一联　该事物与哪些事物可以联系起来形成新的事物？联一联是把表面上不相关的事物联系在一起，获得出奇制胜的效果。

（8）学一学　其他事物的形状、结构、方法、颜色、性能、规格、功能、动作等，是否有值得学习和模仿之处？

（9）代一代　能否用别的事物、材料、方法、工具来替代？

（10）搬一搬　把事物、设想、技术搬到其他地方，会不会实现创新？

（11）反一反　把事物的形态、性质、功能、正反、前后、上下、横竖、里外颠倒一下，会有什么效果？

（12）定一定　它是指为改进某种事物而确定标准、型号、顺序，或者为提高效率、避免失误而确定界限、规范，从而产生的创新。

【案例 3-2】

低成本航空公司

在整个民用航空界有一个“不老的传说”——美国西南航空公司。它不但被喻为全球低成本航空运营模式的鼻祖，而且能够在美国的民航领域中一枝独秀，连年保持盈利。

美国西南航空公司只开设中短途的点对点航线，没有长途航班，更没有国际航班，时间短、班次密集；把每班空姐减少两名，降低飞机票价格。它不提供餐饮服务——一般航空公司的空姐都会询问：“您需要来点儿什么，果汁、茶、咖啡还是矿泉水？”而美国西南航空公司的空姐则问：“您渴吗？”只有当乘客回答“渴”时才会提供普通的水，从而减少服务人员，省去一笔昂贵的加热设施（热饭等）费用，省下的空间还可以再增加6个座位，也便于打扫卫生。它的机型统一为波音737，因而机械师、零部件及飞行员的培训都是统一的，大大节约了成本；地勤人员也少而精。通过采取各种降低成本的策略，它成为一家从1973年开始每年都盈利的航空公司。

（二）列举法

列举法是一种对具体事物的特定对象（如特点、优缺点等）从逻辑上进行分析，并将其与创新有关的方面列举出来，再针对列出的项目思考、探讨如何改进、实现创新的方法。常用的列举法有希望点列举法、缺点列举法、优点列举法、属性列举法和信息列举法。下面重点介绍前两种常用的创新技法。

1．希望点列举法

希望是人们心理期待达到的某种目的或期望出现的某种情况，是对美好愿望和理想的追求，是创新、创造、发明的强大动力。希望点列举法就是以人们提出的种种希望或愿望作为出发点，通过分类、归纳、列举、整理得出新的创新方向或目标的创新技法。它的特点是运用扩散性的想象去发现问题、解决问题。人们对现有的或未知的事物提出要求，“希望……”“要是……就好了”，按照创新者的意愿提出各种新设想。因此，希望点列举法既适用于对已有事物进行改进，又适用于新产品的开发和新方法的创建。它可以不受原有物品的束缚，是一种积极主动的创造技法。

千百年来，人们一直梦想飞向天空、飞向宇宙，于是就产生了飞机、宇宙飞船；人们一直渴望行进的距离更远、时间更短，于是就有了轮船、火车、汽车、地铁；人们一直渴望成为“千里眼”和“顺风耳”，于是就有了收音机、电视机、计算机……

按照希望点所对应的对象，希望点列举法可以分为目标固定型和目标离散型。

（1）目标固定型　它是指以确定的对象为目标，通过列举希望点，形成对该对象改进和创新的设想或方案，是对现有事物本身存在的不足和缺点进行改进的希望。因此，可简称为“找希望”。

（2）目标离散型　它是指没有确定的目标和对象，通过对全社会各层面的群体在不同时间、地点、条件下列出的希望点，寻找创新的设想或方案，满足人们新的需求和要求，可简称为“找需求”。这是企业进行产品创新较为常用的方法。例如，针对消费者的需求进行产品创新，就要对消费需求的宏观趋势与特点有所了解，西方学术界把当今消费潮流概括为

9个英文字母（A、B、C、D、E、F、G、H、I）：

舒适（Amenity）：追求舒适的生活。

美观（Beauty）：追求美的倾向。

文明（Culture）：追求文明品位的趋向。

优雅（Delicacy）：追求格调的倾向。

经济（Economy）：希望实惠的心理。

时尚（Fashion）：追求时尚、时髦的心理。

美食（Gourmet）：追求美食。

健康（Health）：重视健康的心理。

知识（Intelligence）：追求知识的心理。

以上9点就是消费者提出的希望点，产品创新要满足消费者追求舒适的需求、美观的需求、文明的需求、优雅的需求、经济的需求、时尚的需求、美食的需求、健康的需求、知识的需求等。因此，企业在改进原有产品、进行产品创新之前往往采用市场调查的方式了解消费者的需求。

【案例3-3】

松下电器：创新只为生活

秉承“Ideas for life”的理念，松下电器将创新进行到底，不断为消费者打造更加舒适、更加愉悦的生活方式。

（1）洗衣机——创新技术满足多种洗衣需求　在创新方面，松下洗衣机可以说是独占鳌头，旗下的斜式滚筒洗衣干衣机阿尔法系列就有五大创新，充分满足消费者对洁净、健康、低碳等多种需求，如图3-1所示。

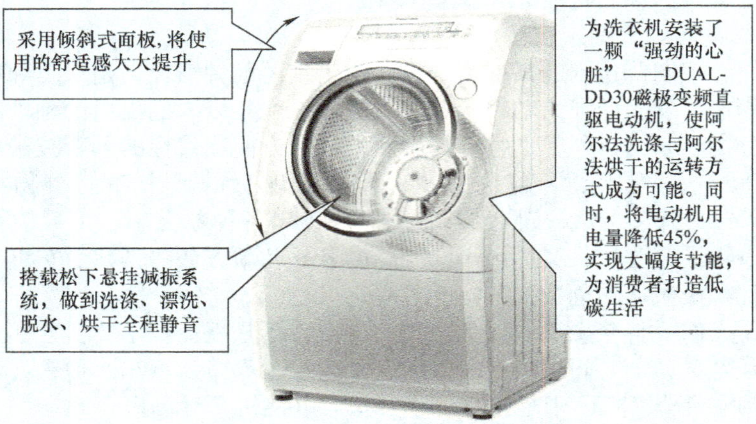

图3-1　洗衣机的创新

（2）空调——创新技术带来舒适体验　在温度控制方面，凭借高效全直流变频技术，松下空调实现了对制冷量、制热量的精准调控，让室内温度更快达到设定温度，实现了对制冷量、制热量的精准调节，避免室温大幅波动，有效降低电动机损耗，使节能效果大幅提升。

在静音方面，松下空调搭载高精密度加工的涡旋压缩舱，有效减少了压缩机工作期间的机械磨损，最大限度地避免了因压缩空间的剧变或压缩力矩的大幅度变动而产生的振动和噪声，为消费者营造一个舒适惬意的家居生活空间。此外，松下空调尊铂系列还采用升级版 Eco Sensor技术，可以通过侦测居室内人体活动量大小，实现智能判定送风，即使人体存在动态与静态的差异，仍可享受惬意。

(3) 冰箱——创新技术引领新鲜生活　作为松下电器另一个明星产品，松下冰箱也实现了技术的不断创新，引领新鲜生活，如图 3-2 所示。

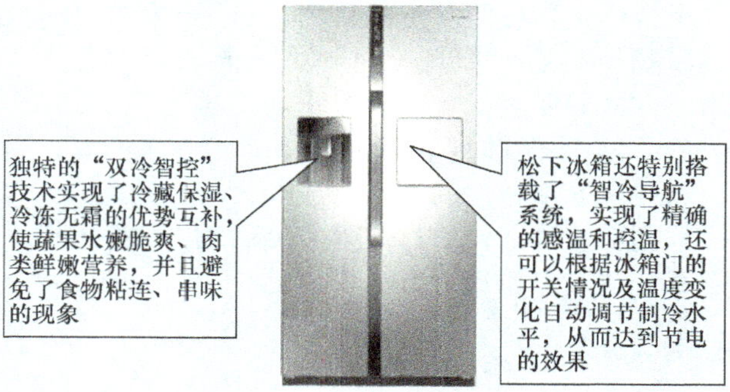

图 3-2　冰箱的创新

美国心理学家马斯洛把人的需求分为五个层次：生理需求、安全需求、社交需求、尊重需求和自我实现需求。因此，在运用希望点列举法进行创新时，首先要结合时代背景，针对对象的不同年龄、性别、文化、爱好、种族、区域和信仰等，对其五种需求进行分析。还有特殊群体的需求，如残障人士或孤寡老人、精神病人、有特殊嗜好的人等，要针对他们在特定条件下的特殊需求进行重点分析。相对于眼前的现实需求，还有一种是潜在的未来需求，善于研究和发现潜在需求是希望点列举法的灵魂。

2. 缺点列举法

缺点列举法是通过挖掘、设想、列举现有事物的缺点、问题、不足，有针对性地进行改进和创新的一种创新技法。相比希望点列举法以人自身的心理期望为对象而言，缺点列举法主要围绕现存事物的缺陷加以改进，对已经习以为常的事物“吹毛求疵”，找到它的缺点。

这种方法一般不改变事物本身的本质与总体，因而属于被动型创新。人们对汽车、冰箱、电视、电话、手机等做出的改进和完善，都得使用这种方法。缺点列举法是一种非常快捷有效地发现创新点的方法，主要用于以下两个方面：

1）对原有产品缺点、问题、不足之处进行改进，如不顺手、不方便、不省力、不美观、不耐用、不节能、不环保、不轻巧、不省料、不便宜、不安全和寿命短等。一个产品需要找准其不足之处并进行改进，才能得到人们的认可。而大众消费者就是最佳的找缺点的群体，因此，多倾听客户的声音，收集人们的批评和建议，有助于弥补缺点、发现创新点。

例如，计算机操作系统起初采用 DOS 操作系统，操作起来还需要学习专业的编程语言，使用极不方便，也不利于计算机的普及。而 Windows 操作系统界面美观，功能强大，人人都可以使用，从而带来了个人计算机的普及。而后来的 Vista 操作系统仅仅是功能更多、更好看，但使用起来并没有更方便，因此很多用户购买后又选择放弃原装的 Vista 操作系统，重新安装已经习惯的 Windows 操作系统。

2）对新设想、新产品进行完善，针对不成熟、不合理、不科学等缺点加以改进。例如，挑一挑长柄弯把的老式雨伞的缺点，如图 3-3 所示。

针对老式雨伞的缺点，可改进的方案有：折叠伸缩伞；便于携带的铅笔伞；弯把改为直手柄；开收方便的自动伞；伞尖改为圆形不易伤人；雨伞骨架材料改为更坚固、轻便、不易生锈的材料；部分外沿做成透明的，方便查看路况；自行车专用伞架；双人大伞等。

（三）组合法

组合法是指按照一定的目的，将不同的事物所具有的原理、材料、功能、技术、方法等要素优化组合或重新安排在一起，从而获得具有新材料、新功能、新技术、新特性的新事物或新设计的一种创新技法。目前，大多数创新的成果都是通过采用这种方法取得的。

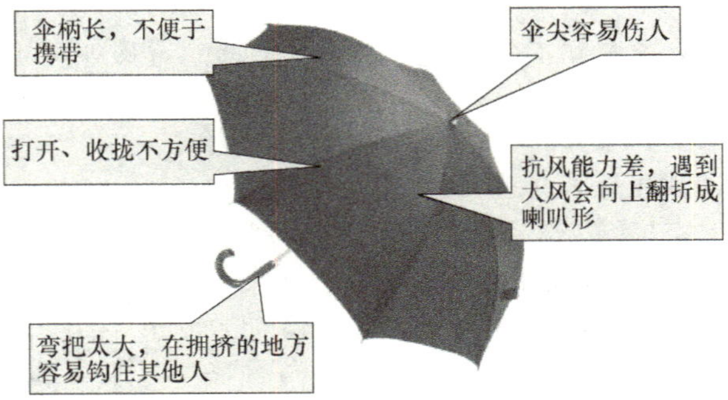

图 3-3　老式雨伞的缺点

【案例 3-4】

组合文具

日本有一家文具公司专门设计并开发文具组合产品，将铅笔、小刀、透明胶带、剪刀、1 米长的卷尺、10 厘米长的塑料尺、订书机、胶水等放进一个设计精巧、轻便的小盒子里。后来又把文具组合改进提高，在盒子里安装了电子表、温度计，甚至设计成变形金刚，五花八门，千变万化。尽管其内部的文具就那么几种，但由于盒子花样多了，迎合了儿童的心理和兴趣，所以销量明显提升，很快成为风行全球的商品。

1．组合法的特征

（1）创新性和继承性　组合能够产生世界上原本没有的事物。从其构成细节来讲，大多数是将世界上已有的事物，以新的形式进行重新组合，并产生新的功效。因此，组合法同时兼具了创新性与继承性两个特征。这种组合是任意的，各种各样的事物要素都可以进行组合，包括之前人们从未想到过的组合。不同的物品、材料、颜色、形状、状态、性能等都可以进行组合。例如，自行车 + 蓄电池 + 电动机 = 电动自行车；电话 + 手表 + 信件 + MP3 + 照相机 + 手电筒 + …… = 手机。

由此可见，创新性组合有三个要点：

第一，由多个要素组合在一起。

第二，所有要素都为单一的目的共同起作用，它们相互支持、促进及补充。

第三，能产生新的效果，这个效果大于组合前各要素单独效果之和，达到 1 + 1 > 2 的飞跃。

（2）广泛性　学者布莱基曾说过，组织得好的石头能成为建筑；组织得好的社会规则能成为宪法；组织得好的思想能成为好的逻辑；组织得好的词汇能成为漂亮的文章；组织得好的想象和激情能成为优美的诗篇；组织得好的事实能成为科学。世界上很多事物都是组合而来的，组合法广泛适用于各个领域。

1）组合法应用的范围广泛。历经几千年的人类社会发展史，为我们积累了不可胜数的发明和创造。未来给我们提供了更为广阔的组合创新的发展空间，从简单的日用品组合到诸如宇宙开发等尖端技术，从普通的小发明、小创意到新学科、新理论的创建等，都可以根据不同的情况实现不同层次的创新。

2）组合法易于普及。组合型创新就技术上的创新发明而言，由于它是为了一定的目的或功能的需要去选择若干成熟的技术加以组合，不像原理突破型创新那样要求具备专业深厚的理论基础，更便于人们学习与应用。

（3）时代性 日本的菊池诚博士认为，发明有两条路径：一条路是最难的全新发现，另一条路则是把已知其原理的事实进行组合。在对 1900 年以来的 480 项重大成果进行分析后发现，1950 年以后，组合型发明的数量远远超过了突破型发明的数量，占发明总数的 60% ~70%，成为占主导地位的技术。

2. 主体附加法

主体附加法是指以某一特定的对象为主体，通过增加新的附件、转换或插入其他技术，使原有事物性能更好、功能更强的一种组合技法。例如，为了满足人们的需求，电风扇逐渐增加了摇头、升降、定时、遥控，以及改变风量、风向、风速、风态和能够吹出不同香味风的新功能。主体附加法具有以下四个特点：

1）创新过程中的组合以原有的事物或设想为主体进行附加，主体不变或变化微小。

2）附加部分起到补充、完善和利用主体的作用，不会导致主体有大的变动。

3）附加物包括两种类型：一种是已有的事物，另一种是根据主体的特点专门进行创新设计的附加装置。

4）附加物为主体服务。附加物的重要功能是弥补主体的不足，使主体的功能更加完善。

由以上特点可以看出，主体附加法是一种创造性相对较弱的组合技法，人们对现有事物做出的改动不大。主体附加法也是创新数量最多的组合技法，因为围绕一个主体可以进行各种附加。这种技法最适用于产品不断完善、改进时期。

3. 同类组合法

同类组合法是指将两种或两种以上相同或相近的事物组合在一起的组合技法，又称为同物组合法或同物自组法。其目的是在保持事物原有原理、价值、功能、意义的前提下，通过数量的增加来弥补功能的不足，或取得新的功能、产生新的意义。而这种新功能或新意义是原有事物单独存在时所缺乏的。

例如，把两支钢笔或两块手表安装在一个精巧的礼盒中，便成了象征爱情的“对笔”“对表”，可作为馈赠新婚朋友的礼物。生活中还有情侣帽、情侣伞、双人自行车、子母灯、子母电话机、双向拉锁、多插孔电源插座等。

同类组合法具有以下四个特点：

第一，组合的对象是两个或两个以上的同一种或同类事物。

第二，参与组合的对象在组合前后，其基本原理、性质和结构没有发生根本性变化。

第三，组合主要通过数量的增加来弥补功能上的不足，或得到新的功能。

第四，组合结果往往具有对称性或一致性的趋向。

4. 异类组合法

异类组合法是指通过将两种或两种以上不同领域的技术思想或功能不同的产品组合在一起实现创新的组合技法。异类组合法具有以下三个特点：

第一，组合对象（技术思想或产品）来自不同的方面，一般不存在主次关系。

第二，参与组合的对象从意义、原理、构造、成分、功能等任一方面或多方面互相渗透，整体变化显著。

第三，异类组合是异类求同的创新，创新性很强。

根据参与组合对象的不同，异类组合主要有以下几种形式：

1）原理组合。将两种或两种以上的技术原理有机地结合起来，组成一种新的复合技术或技术系统。弗兰克·怀特把喷气推进理论与燃气轮机组组合，发明了喷气式发动机；英国生物学家艾伦·克鲁克把衍射原理与电子显微镜组合在一起，发明了晶体电子显微镜。

2）功能组合。将具有不同功能的产品组合到一起，使之形成一个技术性能更优或具有更多功能的技术实体。许多产品都属于功能组合的创新成果，如收录机、电子表笔、闪光装饰品、音乐贺卡、电子秤、自动照相机、全自动洗衣机、数控机床、工业机器人、多功能万能刀卡等。

3）方法组合。在生产工艺、加工处理及组织管理、团队管理的实践中，把两种或两种以上的技术、方法组合起来使用，产生新的效果。

例如，创新模式组合：企业项目管理、ERP、ISO9000、ISO14000 等管理方法并存，创造出有特色的方法和模式；海尔管理模式 = 日本模式（团队意识 + 吃苦精神） + 美国模式（个性舒展 + 创新精神） + 中国传统的管理精髓（赛马不相马、先难后易等）。

4）材料组合。材料对产品性能有直接的影响，有些产品还要求材料具有相互矛盾的特性。对此，利用材料的组合便可解决这一矛盾。

例如，划玻璃的刀具、机加工的车刀、轧钢的复合轧辊等将昂贵的材料用到最关键的部位以节省成本；将磁性粉末与橡胶或塑料混合制成的“磁铁”富有弹性，可弯可摔；还有一种新型牙刷，其中心为硬尼龙毛，四周是软尼龙毛，使之兼有清洁牙齿、保护牙龈的优点。

5）现象与现象的组合。现象组合是指将不同的物理现象组合起来，形成新的技术原理，产生新的发明。

5. 重组组合法

重组组合法是指有目的地在事物的不同层次上分解原来的组合，并按照新的方式、新的目的进行重新组合，以促进事物的功能和性能发生变化的一种组合技法，又称为分解组合法。重组组合法具有三个特点：

第一，组合在同一事物上加以实施。

第二，组合过程中，一般不增加新的事物。

第三，重组主要是改变事物各组成部分之间的相互关系，从而引起事物属性的变化。

生活中有很多事务都蕴含着重组组合的原理，如沙发床、玩具“变形金刚”与魔方、商店的柜台安排、工厂的流水线布置等。

（四）移植法

移植法是指将某一事物或领域的原理、方法、结构、材料、用途转移到另一事物或领域中，从而实现变革的创新技法。其实质是借用已有的创新成果进行新目标下的再创新，使已有成果在新的条件下进一步延续、发挥和拓展。依据移植内容，可以把移植法分为以下几种类型：

1. 原理移植

原理移植就是将科学原理或技术原理向其他领域移植的方法。从事物中抽出核心的原理部分，在这部分的基础上补充辅助部分，创造出新的使用功能和使用价值，形成一个完整的新产品或事物。

【案例 3-5】

极地汽车与企鹅

一般的汽车在极地是无法使用的，于是科学家想制造一种专门在极地使用的汽车。然而极地汽车应该做成什么样子呢？在他们百思不得其解的时候，偶然看见了南极的企鹅，它们平时走路摇摇摆摆，不慌不忙，速度很慢，但是在面临生死存亡的紧急关头，会一反常态，用腹部贴在雪地上，双脚蹬动，在雪地上飞速前进。由此，科学家受到启发，设计出一款宽阔的、底部贴在雪地上、用轮子推动、速度可达 50 多千米/小时的雪地汽车。这就是科学家把企鹅滑行的原理用在了汽车制造上，从而产生了创新。

2. 技术移植

技术移植就是把某一领域的技术移植到其他领域，用以实现该领域内的技术创新，发明新技术和新产品。它是通过技术改造、调整产业结构进行创新的一种有效方法。

3. 方法移植

方法移植就是把某一领域的研究方法、制造方法、使用方法移植到另一领域而形成的新方法。面团发酵膨胀变成松软可口的面包，将这种可使物体体积增大、重量减轻的发酵方法移植到塑料生产中，便产生了物廉价美的泡沫塑料。

【案例 3-6】

造纸术的方法移植

东汉时期的蔡伦看到丝加工时丝绵在漂絮的过程中在篾席片上残留一层薄薄的絮片，从中受到启发，将树皮、破布、旧渔网等作为原材料，采用相同的工艺，制造出柔软的纸。蔡伦发明的造纸术，实质上就是运用了移植技法，不改变加工技术，只改变加工对象，使丝加工技术摇身一变成了造纸技术。造纸术的发明，是中华民族对世界文明最杰出的贡献之一。

4. 结构移植

结构移植就是把某种事物的结构和特征向另一种事物移植，以开发出新产品，发挥新作用。例如，蜂窝是一种重量轻而强度高的结构，把它移植到飞机制造中，就可以减轻飞机的重量而提高其强度；把它移植到房屋建筑上，可制造蜂窝砖，既能减轻墙体重量，又隔音保暖。

【案例 3-7】

鱼鳔与潜水艇

结构移植应用最广泛、最广为人知的便是鱼鳔与潜水艇。

鱼儿在水中游，通过鱼鳔控制上浮或下潜。当鱼想下沉时，就把鱼鳔里的气体排出，把水灌进，鱼变重，就下沉。当把水排出变成气体时，鱼就上浮。

科学家模仿鱼能潜水的特点，发明了潜水艇。在潜水艇上装个大水箱。当想要潜水艇下潜时，往水箱里灌水，就可以下潜。当想要上浮时，就把水箱内的水排出，潜水艇就可以上浮。

移植法是一种有效的创新技法，它可以使成熟的技术向其他领域推广，使新思路、新技术脱颖而出，而且移植的跨度越大，创新性也就越强。

【小贴士】

SWOT 分析

SWOT 分析是一种常用的战略规划工具，用于评估和审计个人、项目、企业或产品的优势（Strengths）、劣势（Weaknesses）、机会（Opportunities）和威胁（Threats）。

1. SWOT 分析的基本框架

（1）优势

1）内部因素：是指组织内部的资源和能力。

2）正面影响：包括独特的技能、专利技术、品牌声誉、市场份额、财务资源等。

（2）劣势

1）内部因素：是指组织内部的限制和不足。

2）负面影响：包括资源缺乏、技术落后、市场定位不明确、财务困难等。

（3）机会

1）外部因素：是指组织外部的有利条件。

2）正面影响：包括市场需求增长、行业趋势变化、政策支持、技术进步等。

（4）威胁

1）外部因素：是指组织外部的不利条件。

2）负面影响：包括市场竞争加剧、法规变化、经济衰退、技术替代等。

2. SWOT 分析的步骤

1）准备：确定分析的对象，可以是个人、项目、企业或产品。

2）数据收集：收集与分析对象相关的内部和外部信息。

3）评估优势：识别分析对象的核心竞争力和资源。

4）评估劣势：识别分析对象的弱点和不足。

5）评估机会：识别外部环境中的有利因素。

6）评估威胁：识别外部环境中的不利因素。

7）分析：将优势、劣势、机会和威胁进行对比分析，找出战略匹配。

8）制订战略：基于 SWOT 分析的结果，制订相应的战略计划。

3. SWOT 分析的应用

1）个人发展：个人可以利用 SWOT 分析来评估自己的职业优势和劣势，以及职业发展的机会和威胁。

2）企业战略规划：企业可以利用 SWOT 分析来评估市场定位，制订业务发展计划。

3）产品开发：产品团队可以利用 SWOT 分析来评估产品特性，优化产品设计和市场推广策略。

SWOT 分析是一个动态的过程，随着内部条件和外部环境的变化，需要定期更新分析结果，以确保战略规划的时效性和有效性。

【实践练习】

1. 创意头脑风暴

（1）任务　组织一个团队头脑风暴会议，围绕一个特定行业或市场问题提出创新解决方案。

（2）步骤

1）确定一个具体的行业挑战或市场需求。

2）召集团队成员，进行无限制的头脑风暴。

3）记录所有想法，并在会后筛选和评估其可行性。

2. 创新技法应用

（1）任务　选择一个创新技法，应用于你的创业项目。

（2）步骤

1）学习并理解所选的创新技法。

2）将技法应用于创业项目，寻找新的解决方案或改进点。

3）分享应用结果，并讨论其对项目的影响。

第二节　创业资金筹措

一、资金筹措的方法

如何合理地运用、调配已有的资金，这是对经营者才干和智慧的考验。然而，“巧妇难为无米之炊”，作为一名经营者，无论创业者有多么强的经营能力，如果没有资金可供运用与支配，所有一切都是空中楼阁。所以，要想成为成功的经营者，应该学会走好第一步——筹措资金。只有踏踏实实地走好了这一步，才能为将来的事业打下良好的基础。

在目前的形势下，刚毕业的学生基本上没有创业资金，同那些已在商海中摸爬滚打多年的竞争对手一比，则相形见绌，那么，究竟如何筹措资金呢？

西方国家的公司法相对较先进和完善，我们不妨借鉴一下他们的做法。

由创办人认购股份是公司最初的筹资办法。要想成立公司，必须有创办人或发起人，公司最初的资金来源就是从这些创办人那里获得的。这些创办人从个人财产中拿出一部分用来认购公司的股份，于是他就成了该公司的股东，公司也就有了自己最初的一部分股本。

这里有个问题应该注意：申请设立公司必须满足最低股本额（又称为最低资本额），不论是股份有限公司还是有限责任公司，都要符合这一要求。

【小贴士】

创业资金筹措注意事项

1）算清需求：明确启动和运营资金，包括场地、设备、库存、工资等各项开支。

2）自身资源：动用个人积蓄，谨慎向亲友借款，明确借款细节。

3）银行途径：了解商业贷款和创业贷款，关注利率、期限和条件。

4）投资对接：准备好商业计划，吸引天使投资和风险投资，权衡股权问题。

5）政府支持：争取专项补贴和园区优惠。

6）众筹方式：可选择产品或股权众筹，遵守法规。

7）成本控制：优化成本，节省不必要开支。

二、融资方式的选择原则

（一）应量力而行

私营公司筹措资金都有其代价，这是市场经济等价交换原则的客观要求。因此，私营公司在筹措资金过程中，筹措多少才算适宜，是私营公司管理者必须慎重考虑的问题。筹措的资金过多会造成浪费，增加成本，还可能因负债过多到期无法偿还，增加私营公司经营风险；筹措的资金不足又会影响正常业务发展。因此，私营公司在筹措资金的过程中，必须考虑需要与可能，量力而行。

（二）筹资成本应低

筹资成本指私营公司为筹措资金而支出的一切费用，主要包括以下几个方面：

1）筹资过程中的组织管理费用。

2）筹资后的利息支出。

3）筹资时支付的其他费用。私营公司筹资成本是私营公司筹资效益的决定性因素。因此，私营公司筹资时，要充分考虑降低筹资成本的问题。

（三）根据用途决定筹资方式和数量

由于私营公司将要筹措的资金有不同用途，因此，在筹措资金时，应根据预定用途来选择运用长期筹资方式还是短期筹资方式。如果筹措的资金用于流动资产，根据流动资产周转快、易变现、经营中所需补充的数额较小、占用时间较短等特点，可选择各种短期筹资方式，如商业信用、短期贷款等；如果筹措的资金用于长期投资或购买固定资产，由于这些运用方式要求数额大、占用时间长，应选择各种长期筹资方式，如发行债券、股票、私营公司内部积累、长期贷款、信托筹资和租赁筹资等。

（四）保持对私营公司的控制权

私营公司为筹资而部分出让私营公司原有资产的所有权、控制权，常常会影响私营公司生产经营活动的独立性，引起私营公司利润外流，对私营公司近期和长期效益都有较大影响。如就发行债券和股票两种方式来说，增发股票将会对原有股东对私营公司的控制权产生冲击，除非原有股东再按相应比例购进新发的股票；而债券融资只增加私营公司的债务，不影响原有股东对私营公司的控制权。因此，筹资成本低并非筹资方式的唯一选择标准。

（五）有利于私营公司竞争能力提高

这主要通过以下几个方面表现出来：第一，通过筹资壮大了私营公司的资本实力，增强了私营公司的支付能力和发展后劲，从而减少了竞争对手；第二，通过筹资提高了私营公司信誉，扩大了私营公司的产品销路；第三，通过筹资充分利用规模经济的优势，增加了私营公司产品的市场占有率。私营公司竞争力提高同私营公司筹措的部分资金的使用效益有密切联系，是私营公司筹资时必须考虑的因素。

（六）筹资风险低

私营公司筹资必须权衡各种筹资渠道的筹资风险大小。例如，私营公司采用可变利率计息筹资，当市场利率上升时，私营公司需支付的利息额也会相应增加；利用外资方式，汇率的波动可能使私营公司偿付更多的资金；有些出资人发生违约，不按合同注资或提前抽回资金，将会给私营公司造成重大损失。因此，私营公司筹资必须选择风险小的方式，以避免风险。如目前利率较高，而预测不久的将来利率要下跌，此时筹资应要求按浮动利率计息；如果预测结果相反，则应要求按固定利率计息。再如利用外资，应避免用硬通货币偿还本息，而争取以软货币偿付，减少由于汇率上升、软货币贬值而带来的汇率损失。同时，在筹资过程中，还应选择那些信誉良好、实力较强的出资人，以减少违约现象的发生。

如果把企业比作人体，那么资金就是血液，而创业者便是造血者。一旦出现供血不足的情况，人体便会面临生命危险，对企业而言，那就很可能破产倒闭。作为公司的管理者，担负着为公司供血的重任，为公司及时筹措足够的资金是应解决的首要问题。

三、无资本创业

一般人的思维总是很容易局限于表面现象之中，正如创业就要投资一样，在常人看来这是常识，是真理，是必然，而森基行的创业却为人们提供了另一种思考问题的方法，在没有投入资金的情形下也能创业，也能从无到有，从小到大，自力更生。这一点，缺乏资金的创业者要深思。

【案例 3-8】

自由人车

东京一座寺庙内有一家流动商店，老板森基行是个 20 多岁的青年，平时穿着朴素，但是神采奕奕，令人印象深刻。

森基行出生于日本九州，高中毕业后就到大阪参加业余剧团的演出，曾经想当职业演员，但是几年的演员生活使他觉得空虚、不安，于是就来到东京，住在单身公寓里，计划自己的未来，突然想到“零的哲学”，也就是白手起家开创自己的事业。他立志要开一家没有成本的商店，于是到多摩区的山地捡拾木柴，收集茅草，又设法得到一辆旧的手推车，以茅草编成草席做顶，搭建了一个别致新颖的流动商店。

思考良久，森基行写出一张海报：“请各位把您亲手制作的各种工艺品，交由本店代为销售，好吗？”许多人看到广告后，纷纷将自己做的缎带花、雕刻品、纺织品等，委托他出售，这些各具风格的工艺品在“店”内陈列，他每天推到各地去叫卖，生意不错，很快就销售一空了，他也从中获得一部分利润，以这样的方式，森基行开始了自己的事业。

森基行把这部手推车命名为“自由人车”，并且准备和几个同行组成一个“自由人舍”，专门贩卖工艺品。他满怀斗志的构想和行动值得效法，白手起家的创业精神更令人佩服！

【实践练习】

1. 资金预算编制练习

题目：假设你要在校园内创办一家校园文化创意礼品店，编制一份详细的创业资金预算表，包括启动资金和运营资金（前 3 个月）。

2. 资金来源规划练习

题目：针对上述校园文化创意礼品店的创业项目，制订一份资金来源规划，至少包括 3 种不同的资金获取途径，并分析每种途径的可行性和可能遇到的问题。

3. 融资方案设计练习

题目：假设你有一个已经运营了一段时间（6 个月）的校园二手书交易平台项目，目前发展良好，但需要资金进行市场拓展和功能升级。设计一份融资方案，包括融资目标、融资方式、对投资者的回报和风险分析等内容。

第四章

创业透析

素养目标

1. 认识创业过程中道德约束和社会责任的重要性。
2. 培养风险意识和应对挫折的能力。
3. 增强创新意识和社会责任感，将个人创业与社会发展紧密结合。

学习目标

1. 理解创业机会的概念、特征和类型，掌握机会识别的方法。
2. 掌握创业资源的种类、获取途径、开发方法以及整合原则。
3. 培养敏锐的创业机会识别能力、创新思维和创业精神。

案例导读

在当今这个充满机遇与挑战的时代，创业成为众多怀揣梦想者实现自我价值的热门选择。然而，创业之路并非一帆风顺，无数创业者在前行的过程中遭遇各种难题，有的甚至折戟沉沙。本章将通过一系列生动且真实的案例，深入剖析创业过程中的关键环节，如创业机会识别、资源获取与整合、风险评估与应对等，为即将踏上创业征程或正在创业道路上摸索的人们提供宝贵的经验与启示。从大学生创业者王飞投资近 20 万元生产杂粮窝头却因经验不足和人脉缺乏而陷入困境，到徐志军轻信转让启事被骗 2 万元，这些案例警示着我们，创业机会的把握并非易事。李爱红开食品杂货店因市场调研不足和选址不当而经营惨淡，凸显了创业过程中精准定位和市场分析的重要性。360 公司抓住互联网安全问题的机遇开发“360 安全卫士”，以及小蜜蜂家政服务中心创始人杨东平从建筑工地的清洁工作中发现商机成功创业，又为我们展示了正确识别和利用创业机会的积极成果。高露洁在面临“致癌”危机时的应对措施，让我们看到了企业在面对风险时如何通过危机公关维护自身形象。通过对这些案例的深入解读，读者将更好地理解创业的本质，掌握创业的核心技能，为未来的创业实践奠定坚实基础。

第一节　创业机会识别

一、创业机会概述

在创业者创业过程中，识别创业机会是创办企业非常重要的一步。创业机会是指市场中存在的未被充分满足的需求或未开发的资源，创业者可以通过创新的方式创建新产品或服务，并建立新企业来满足这些需求或利用这些资源。它通常具备市场需求、可行性、创新性、合适的时机和可持续性等特征。识别和抓住创业机会是创业成功的关键。创业者的创业机会通常有两种，如图 4-1 所示。

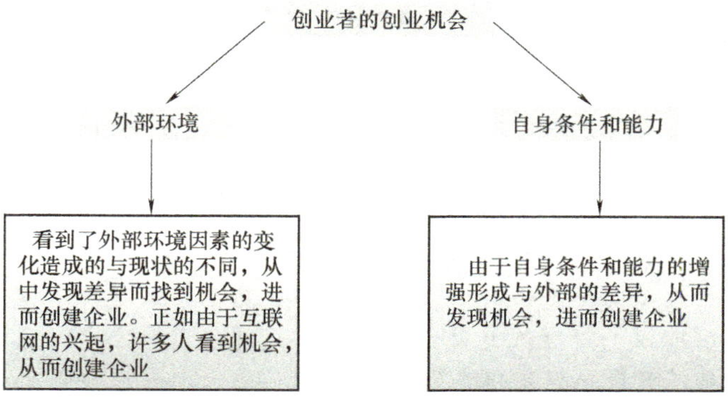

图 4-1 创业机会

无论是哪一种，创业机会都是由于市场差异而形成的对新企业有利的环境。但创业机会并不是容易发现和识别的，需要我们有一双能识别它的眼睛。另外，还需要我们具备一定的悟性和直觉，而这种悟性是可以训练和培养的。

良好的创业机会应有以下特征：

1）有吸引力。这是指一个业务可以创造较大的价值并获得回报。

2）持久性。创业机会不是指一次性的或短暂的回报，它是一种可长期获得的回报。

3）及时性。创业机会应是较快可以见效的，过于遥远的机会很难创造商业价值。

4）创业机会依附于产品或服务之中。一定要从顾客出发，因为在顾客和产品之间常会有差异产生，而差异之中往往就存在创业机会。

【案例 4-1】

被套牢的大学生创业者

23 岁的王飞大学刚毕业，他看好杂粮窝头市场。在家人资助下，他投资近 20 万元，在郑州市北郊建了一家食品厂，专门生产、销售杂粮窝头。王飞曾满怀信心：“我要像三全、思念一样做品牌！将来在北方百万人口以上的城市，包括北京在内，都要建分厂……”带着这样的憧憬，王飞注册商标、改造厂房、做宣传、雇员工，颇有一番气势。

但是，由于既没有经验又没有人脉，加上给销售商的返点不高，王飞的杂粮窝头每天只能卖掉 300 袋左右，而维持工厂运转的基本销售数量是 1000 袋。

无独有偶，另外一位创业大学生徐志军也遇到了问题，他的遭遇更令人同情。

某天，正在寻找项目的徐志军看到一则转让启事，一对中年夫妇经营的水站要转让，看到经营水站似乎有钱可赚，冲动的徐志军把母亲辛苦积攒的 2 万元交给了那对中年夫妇。此后，他们再也不见踪影了。“没有想到他们是骗我的，现在只剩了满屋的空桶，根本没有人要水。”这种事情屡不见鲜，涉世未深的大学生创业者，刚刚迈出事业的第一步就遇上了一道“坎”。

创业机会识别需要创业者具备一定的判断力，因为有些机会可能是转瞬即逝的，有一些则是一开始很难识别，但可能代表了一个长远的发展趋势。如上文中的两个创业者，都有明确的创业机会，但是可以看到，这两个创业者都出现被机会套牢的情况，进退不得。他们所出售的商品属于低价产品，像这种没有足够储备资金的小企业，首先要解决的是生存下去的问题。因此，一开始就应该主打某种特色，并用高利润弥补销售量不足带来的损失。要盈利，首先要搞清楚生产的产品卖给谁。当确定了消费群体后，要快速、低成本地到达那个群体。当创业走到这个阶段时，创业者就需要开源节流，减少一切不必要的开支，尽可能地扩大产品销量，以图渡过难关。

【案例 4-2】

食品杂货店的成功与失败

李爱红毕业后一直想自己做老板，看到邻居在小区里开的食品杂货店生意不错，颇为心动。于是，李爱红租了小区内一个库房做店面，筹集了一万多元钱做启动资金，开了一家食品杂货店。

经营了两个月后，李爱红的食品杂货店就撑不住了。为什么同样是食品杂货店，邻居可以干得红红火火，李爱红的店就经营惨淡呢？原来，李爱红为了突出自己食品杂货店的特色，没有像邻居一样经营茶、米、油、盐等大众用品，而是将经营范围锁定在沙司、奶酪等一些西餐调味食品上。但是，小区里的居民对她的货品需求少，加之她店铺的位置在小区边缘，而且营业时间不固定，很多邻居都不愿意去她店里购物。

李爱红创业之初求新求异的心理很多大学生都有，这是优点但也是致命的缺点。

经营固然需要有自己的特色，但是更要符合市场环境的需要。像李爱红的食品杂货店之所以经营惨淡，是因为她没有搞好市场调研。这个食品杂货店如果在一个涉外社区内也许会经营得很好，但是她选择的是一个普通居民区。普通居民区里的居民对茶、米、油、盐的需求远远要大于沙司、奶酪等西式调味品，再加之店铺的选址不合适、营业时间不固定，最终导致李爱红创业失败。

从以上案例可以看出，创业机会虽然很多，但如何将创业机会充分认识、开发并挖掘出商机才是重中之重。

二、创业机会的类型

（一）从表现上分类

创业机会从表现上可以分为显性机会、隐性机会和突发机会，如图 4-2 所示。

（二）从来源上分类

通过对众多企业创业的案例分析发现，创业机会的来源是多方面的，这可以成为我们发现和寻找创业机会重点关注的地方。一般可以大致将创业机会的来源归为以下几个方面：顾客、企业、渠道、政府机构、研发活动与国外市场。

（1）顾客　顾客是我们最应关注的，产品要能很好地满足顾客的潜在需求。创业者需要在与顾客的接触中了解顾客对现有商品的看法，从中得到真实的信息。与顾客接触大都采用个人的非正式的方式，也可采用较为正式的顾客座谈等形式，使顾客可以在不同场合表达他们的意见和看法。如果能从不同顾客中看到大体一致或具有相同倾向的意见，而某产品可以解决这些问题，说明该产品的市场机会足够大。

（2）企业　业内人士对于其产品更为了解，所以对业内企业的跟踪可以让你事半功倍。但由于对企业跟踪的成本比较高，所以对行业较为熟悉的或有专业能力的创业者可以对市场上对手的产品和服务进行跟踪、分析和评价，由此发现市场上产品的优劣，并有针对性地改进产品或开发新产品，这样就有可能发现较大的市场机会和开创新的市场机会。

（3）渠道　分销商是最了解顾客的，因为他们整天与顾客打交道。他们知道顾客和市场的需求，对产品的看法可能比单一顾客更为清晰和准确。所以，创业者不仅要与顾客交流，还要与分销商交流，倾听他们的建议。他们的建议中不乏真知灼见，特别是他们对渠道营销的方法可能有很多很好的策略，这样可以使产品更好地与顾客接触。当然，与他们多交

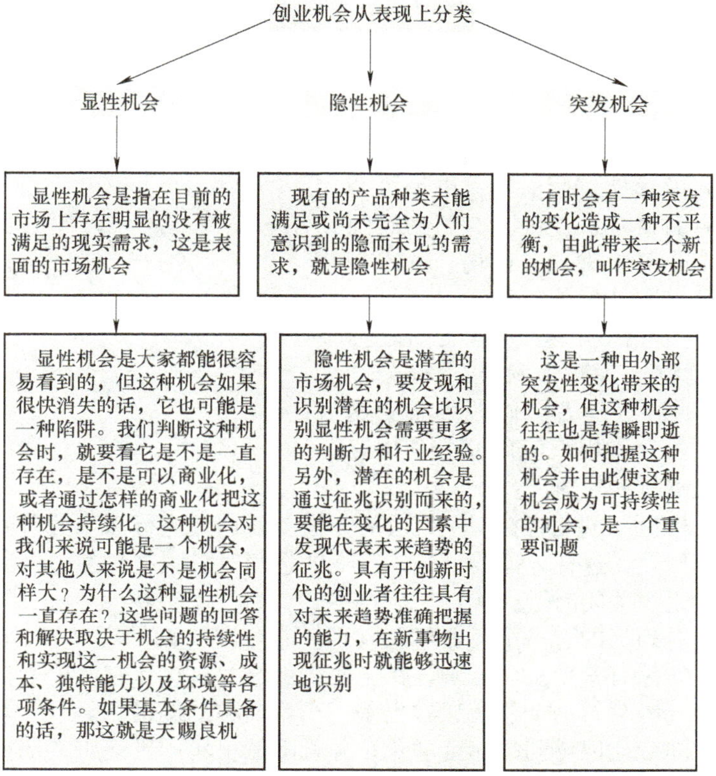

图 4-2　创业机会从表现上分类

流也可以帮助创业者推广新产品。

（4）政府机构　与政府机构的交流常常被创业者忽视，其实这也是发现创业机会的重要来源。首先是与政府机构的接触可以及时了解政府政策，而政府政策不仅包括政府管制，同样也包括政府支持，这两方面都包含巨大的商业机会。其次，了解政府的工作重点，解决政府因效率低下或者成本过高而没有做的事情，也会得到政府的大力支持。另外，可以到政府部门研究专利文档，其中蕴含着大量新产品的创意，从中可以发现新思路的市场机会。最后，政府相关部门有很多全面的其他信息，对于整体把握市场也很重要。

（5）研发活动　对新技术的了解就是从研发中获得的，应对业内企业目前的研发活动有所了解。当然还不局限于此，包括所有目标产品的基础研究也应重视，因为科学家所研究的项目往往与基础研究有关，而企业则与应用有关。关注科学家们的研究和企业开发同等重要，这样就能很好地把握新技术进入应用的节奏。如互联网对于视频技术的应用，如果能了解视频基础技术的研究进展，再跟踪 IBM 和 Adobe 等企业的应用开发，同时关注网上的研究小组和应用网站，就能发现未来视频技术应用的前景。

（6）国外市场　要经常关注国外市场的动向，有一些产品会在国外市场首先出现。所以，关注国外市场的新动向，在适当的时机下就有可能发现新的创业机会。

三、机会之窗理论

产业的发展有一个生命周期，在产业刚刚产生时，人们并不了解该产业，所以在市场上规模很小或者几乎没有顾客群体，而到了大家开始认识其价值时，该产业会出现爆发式的增长，这时产品和行业都进入了高速成长期。对于创业者来说，在早期进入是最难的，这个时期最大的问题就是如何生存下去，并且一方面要完善产品，另一方面还要宣传产品，这时的机会非常小。而到了成长期，机会会突然增大。彼得·德鲁克（Peter F. Drucker）在其著作中曾用窗户打开的形象比喻来强调企业识别和抓住机会的时间敏感性。他指出，市场机会就像一扇暂时开启的窗户，提供了有限的时间窗口，在此期间企业可以进入新市场、推出新产品或服务，或是采取其他战略行动。一旦这扇窗户关闭，相应的市场机会也可能随之消失。因此，德鲁克将这种现象称为“机会之窗”，意在提醒企业和管理者要敏锐地察觉这些短暂的机会，并迅速做出反应以充分利用它们。可用图4-3表示机会之窗。

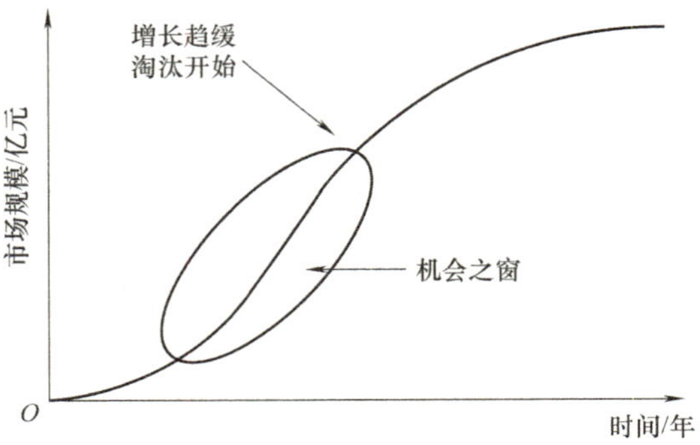

图4-3　机会之窗

根据机会之窗理论，创业者在识别机会时，需要对产业进行深入的研究，要能从产业的生命周期角度理解机会，这样才能找到进入产业的适当时机，并且在进入后要知道成长期有多长，以免在机会之窗关闭时遭到淘汰。

所以，如果你看到真的有一个经营机会（而不仅仅是一两种产品），是否有足够的时间抓住这个机会呢？如果有一个机会的确存在，是否能够及时抓住它取决于技术的动作和竞争对手的动向等因素。因为，一个机会通常也是一个不断移动的目标。

市场随着时间的变化以不同的速度增长，并且随着市场的迅速扩大往往会出现越来越多的机会。但是，当市场变得更大并稳定下来时，市场条件就不那么有利了。因而，当一个市场开始变得足够大并显示出强劲的增长势头时，机会之窗就打开了；而当市场趋于成熟时，机会窗口就开始关闭了。

由于机会之窗的存在，创业时机的把握就变得非常重要。在市场体系中，机会是在一个由变化、无序、混乱、自相矛盾、滞后或者领先、知识和信息缺口以及一个产业或市场中的种种其他“缝隙”所组成的环境中产生的。因此，企业环境的变化和对这些变化的预期对企业家来说是极为重要的，一个有创造力的、果断的企业家能够在别人还在研究一个机会的时候就抓住它。如果等到机会窗口接近关闭的时候再来创业，留给创业者的创业空间将十分有限，新创企业也就很难盈利了。

值得强调的是，机会之窗敞开的时间长短对于创业能否成功是十分重要的。一般而言，确定一个新创企业是成功还是失败需要相当长的时间，这一过程不可能在短时间内得出结论。

四、机会识别的方法

机会识别的方法有多种，重要的思路有三个：一是识别趋势（又称为趋势观察法），二是研究问题解决方案（又称为问题发现法），三是收集与研究市场信息（又称为市场研究法）。

（一）趋势观察法

趋势是指从外部环境的众多因素中找到不平衡的因素，因为这里隐藏着重要的机会。这种不平衡是由于变化形成的。所以，首先是观察外部环境的变化，在变化中发现机会的征兆，其次是对征兆进行分析和分类。有些征兆以后不再出现，可以判断它是一种偶然现象；但另一些征兆不时地反复出现，那么我们就可以初步判断，这有可能会成为趋势，对于这类征兆就需要特别注意。

根据这些征兆可以发现其不平衡所造成的机会或由此可以创造出机会，因而它们就成为我们观察的重点。我们可以把纷繁复杂的外部因素进行分类，如经济因素、政治因素、社会文化因素和技术因素，这样就可以更为清晰地进行观察。

当然，发现征兆需要判断力。所以有些创业者比别人更擅长这种方式，因为他们更具有产业经验，还具有良好的社会关系网络和创造性，更善于发现趋势的征兆。下面我们分析上述各种因素，以及如何在此因素中发现其市场差异性，并从中发现机会。

（1）经济因素　对于创业者来说，要想寻找创业机会，考察外部的经济因素非常重要，因为它影响到消费者的可支配收入水平，决定消费者的消费能力。

观察一个区域的经济因素时，我们要看创业企业目标顾客所处经济体的经济特征和发展方向，一般可以从以下几个方面来进行分析：

1）考察宏观经济处于何种阶段（萧条、停滞、复苏还是增长），以及宏观经济以怎样一种周期规律变化和发展。参考的指标有国民生产总值和宏观经济指标等。例如，随着人们收入水平的不断提高，市场上出现的数码产品以及金银首饰的购买热、旅游热、房地产热、证券投资热即表明了某种趋势，这就给这些行业带来了发展机会，也带来了激烈竞争。

2）区域经济中总人口数量中的收入比例。这往往决定了许多行业的市场潜力，如食品、服装、交通工具等。我国人口基数大，伴随着经济的高速增长，具有巨大的市场潜力和机会，而这也恰是吸引外资投资的根本原因。

3）基础设施条件。它在一定程度上决定着企业运营的成本与效率。基础设施条件主要是指一个国家或地区的运输条件、能源供应、通信设施以及各种商业基础设施（如各种金融机构、广告代理、分销渠道和营销中介组织等）的可靠性及其效率。这在策划跨国或跨地区的经营战略时尤为重要。

4）经济全球一体化的影响。各国之间经济相互依赖程度越来越高，世界上相互关联的经济体出现任何不稳定，都会影响到该经济体内各行业的企业，同时还会通过国际贸易波及经济体外的企业。而互联网的加速效应将使这种传递性更加迅速，影响也更加深刻。

（2）政治因素　政治因素对于创业环境也有重大影响，在一些行业内创业需要特别注意政治因素带来的机会和风险。政治因素一般需要关注法律和政策，需特别注意政策的调整以及对一些产业的支持。特别是近年来，有关部门对创业有一系列政策的支持。

（3）社会文化因素　社会文化因素是指一定时期内整个社会发展的一般状况，其与一个社会的态度、价值观有关。态度和价值观是构建社会的基石，它们通常是人口、经济、法律政策、技术条件形成和发展的动力。

社会文化因素主要包括社会道德风尚、人口变动趋势、文化传统、文化教育、价值观念和社会结构等。人是“潜在的购买者”，企业必须时刻注意人口因素的动向。目前，世界人口持续增长，意味着消费将继续增长，世界市场潜力和机会将继续扩大。但是增长的人口正在大量消耗自然资源和能源，加重粮食和能源供应的负担，这些也预示了21世纪的主要挑战和商机。

社会文化因素包括一个社会的文化传统、生活方式以及道德习俗。它强烈地影响着人们的购买决策和企业的经营行为，影响着一个国家的经济和法律政策环境。例如，美国将14%的GDP花在医疗保健上，德国为10.4%，瑞士为10.2%。因此，如果企业能够充分了解某个国家的文化对它的社会特征的作用，那么就能提供更符合需求的产品和服务，提高顾客的满意度。

不同的国家有着不同的文化传统，因而也有着不同的亚文化群、社会习俗和道德观念，从而会影响人们的消费方式和购买偏好。企业若要通过社会文化因素分析市场，必须了解行为准则、社会习俗和道德态度这些社会文化因素并对其加以分析。

（4）技术因素　技术因素是指在目前社会技术总水平下引起革命性变化的发明，以及与企业生产有关的新技术、新工艺、新材料及其发展趋势和应用前景。它具有更新快、变化大、影响范围广（超出国界）等特点。

近年来，人工智能大模型凭借其强大的语言理解和生成能力，成为科技领域的焦点。这些大模型不仅能够在对话、写作、翻译等任务中表现出色，甚至在某些领域已经超过了人类的专业水平。随着技术的不断进步，大模型正在逐渐渗透到我们生活的各个方面，改变着我们的工作方式、学习方式乃至思维方式。大模型的出现，使得许多传统的工作岗位面临挑战。自动化、智能化的工具正在取代那些重复性高、劳动强度大的工作，从而提高了生产效率和工作质量。同时，大模型也为人们提供了更多元化的职业选择和发展空间。例如，通过掌握生成式人工智能技能，人们可以从事内容创作、数据分析、AI 应用开发等新兴职业。在教育领域，大模型同样发挥着重要作用。它们可以为学生提供个性化的学习建议和资源，帮助学生更好地理解和掌握知识点。同时，大模型还能够模拟真实的对话和情境，让学生在实践中提升语言能力和沟通技巧。这种以学习者为中心的教学模式，正逐渐成为未来教育的主流趋势。大模型不仅改变了我们的工作和生活方式，还对我们的思维方式产生了深远影响。在大数据和算法的支持下，人们更加注重数据分析和逻辑推理，而非传统的直觉和感性判断。这种思维方式的转变，使得我们能够更加适应复杂多变的社会环境，做出更加理性和科学的决策。

一个国家经济增长速度的快慢受到采用重大技术发明的数量与程度的影响，一个企业盈利状况也与其研发费用具有高度相关性。在世界汽车行业及电子通信行业中，如通用汽车公司、梅赛德斯-奔驰公司、西门子公司以及爱立信公司等，近年来的研发费用占销售额的比例都在 10% 以上。随着科学技术水平的进一步加快，产品更新和产业演变的速度也越来越快，技术因素对企业的影响也将越来越重要。

（二）问题发现法

识别机会的另一种方法就是寻找问题，从问题中找到解决方法。现实中，我们会遇到许多问题，而从如何分析这些问题中，可以看出我们有没有商业意识和商业创意。所以有人说："每个问题都是一个被精巧掩饰的机会。"

大多数创业成功者成功解决的问题都是真正有价值的问题，也是创业者所亲历的具体问题。只有亲自去面对，才会有一种创造性地解决问题的冲动。而具有商业意识的人解决这个问题的同时会将其商业化，让更多的人享受解决问题得到的好处，同时也可以为创业者自己带来更多的利益。

有些商业创意明显是在新趋势的问题识别中搜集出来的。例如，由于互联网的发展，网络病毒开始泛滥，特别是恶意插件不知不觉就被安装，而且很难卸载，360 公司抓住了这一趋势开发出"360 安全卫士"清除恶意软件，很快打开了市场。

【案例 4-3】

360 安全卫士

"360 安全卫士"的老板周鸿祎觉得做"360 安全卫士"是一切从用户角度出发，但是公司一不小心就进入了安全领域。这个不小心导致的结果是，2020 年 11 月 360 公司的 360 全息星图网络空间测绘系统获评"世界互联网领先科技成果"，并连续三年摘得此项殊荣。其产品“软件宝库”已经成为下载渠道门户之一，周鸿祎被认为直接搅动了下载网站的“奶酪”。其开发的“保险箱”可以保护用户网银和网游账号的安全，继十大网游公司之后，又有十大视频网站开始与360公司合作。

在互联网行业摸爬滚打多年的周鸿祎的“一不小心”，在外界看来似乎有着缜密的过程：先从处理流氓软件开始，客户端一举占据了网民计算机，并博得好评；然后再根据互联网时代对安全的巨大需要，顺势推出木马查杀，同时和急切进入中国市场的“卡巴斯基”合作，推出半年免费杀毒服务；到最后，推出正式的360免费杀毒软件，彻底占据了客户计算机。

这一切对于用户来说代价是零，因为360公司所有的产品都是免费的。他先动了互联网安全行业的“奶酪”，因为长久以来杀毒软件维持着共同的逻辑——用户要拿出真金白银来购买杀毒升级服务。就好像微软的Windows操作系统开始受到Android冲击一样，360公司带来了全新模式——免费。

在周鸿祎的逻辑里，互联网的游戏规则和软件业不一样：“只要是人人都需要用的互联网服务，就应该是免费的。只有少数人需要的，就可以收费。有一定数量的用户群之后，就可以推出增值服务了。我们不会在软件里搭载广告，广告不是我们的方向。”

（三）市场研究法

创业者必须做市场研究。市场研究的含义是比较广泛的，它包括市场信息的收集、定价策略的考虑、最合适的分销渠道的考虑以及最有效的促销策略的设想等。

五、机会发现者的个性特征

布鲁斯·巴林格（Bruce Barringer）总结了多人的研究成果，认为以下几个特征在机会识别中具有重要作用：

（一）先前经验

能敏锐地识别出机会的人往往具有行业的经验，而新手往往无法判断是否有机会。当然，一个新手如果想在一个行业取得成功，往往需要经历一段相对较长的学习和适应期，可能还伴随着更多的尝试和失败，或者说有更长的蛰伏期。这个时期其实就是积累行业经验的时期。新手变为熟手就是在创业的过程中进行学习从而得到提高的过程。

【案例4-4】

家政创业

1999年，泸州市小蜜蜂家政服务中心成立。经过几年的发展，这家公司已成为拥有41家全国连锁店、从业人员4000多名的家政服务连锁企业——四川省小蜜蜂家政服务有限公司。

这家公司的创办人叫杨东平，他生于1980年。这个农村小伙子没有上过大学，在18岁那年，他从四川省泸县建筑职业高级中学毕业，经人介绍到一个建筑工地做施工员。

在建筑工地工作时，每当工程完工后，他总要临时请人来清洗外墙和清理建筑垃圾，但临时请来的那些人往往做不好，他们只是拿扫帚、拖把随便打扫，结果不能让人满意。做事认真又喜欢琢磨的杨东平发现，不仅工地需要这样的清洁工作，一些单位和家庭也需要这样的工作。他觉得这个市场其实很大，如果好好地做，一定可以做好，并可以赚到钱。

于是，杨东平辞去了建筑工地上的工作并创办了泸州市小蜜蜂家政服务中心。公司成立后，三个月没有一单生意。当时在泸州市，家政服务还是一个新鲜词，但是杨东平还是坚信，在人们工作越来越忙、收入不断增加的条件下，把清洁工作交给别人来完成是完全有可能的。于是他与商场联手，推出买家电送一次免费清洁服务。他的高质量清洁得到了人们的认可，越来越多的客户与他签订了长期合作的合同。小蜜蜂就这样站稳了脚跟并不断发展壮大。

还有一种情况，就是在某个行业工作时，个人可能识别出未被满足的小市场。比如小蜜蜂家政的创业者正是在处理工程垃圾的过程中发现了清洁市场，因而开始创业做小蜜蜂家政。在某个产业中工作，个人也可能建立产业内的社会联系网络，它能提供引发机会的见解。

（二）认知因素

同样在行业内工作，为什么有的人善于发现新的机会而产生新的创意，而另一些人不会？有一些研究者认为，这是创业者的“第六感”，他们能看到别人错过的机会或者是别人认为并不存在的机会。一般也把它叫作创业警觉。创业警觉是一种不必周密调查便可觉察事物的能力。

很多创业者自己也认为他们比别人更“警觉”，特别是在他们所熟悉的领域，这种警觉性会比较高。由此可见，创业警觉具有先天经验的基础，再加上更多的商业意识，使创业者会在潜意识中将一个新的事物与商业相联系，从而形成一种判断力。

（三）社会网络

创业者的第三个条件是个人的社会网络，社会网络决定了创业者对机会的判断力。有更多社会联系的创业者比那些没有或只有较少社会联系的创业者更具有判断力，对机会的判断和识别也会更强，这就是所谓的见多识广。

由社会网络构成的社会联系不仅对机会的识别有重要影响，也对创业决策产生影响。这种社会联系可分为强关系与弱关系，不同的关系影响不同。强关系是频繁的深度相互作用，形成于经常联系的同事、朋友和配偶之间。弱关系是不频繁的相互作用。

（四）创造性

创造性是个体产生新奇的有用创意的能力或特性。从某种程度上讲，机会识别是一个创造过程，就有国外学者将机会识别描述为包含反复创造性思维的过程。对个人来说，创造过程可分为五个阶段。

（1）准备　准备是指创业者带入机会识别过程中的背景、经验和知识。研究表明，50%～90%的初创企业创意来自个人的先前工作经验。

（2）孵化　孵化是个人仔细考虑创意或思考问题的阶段，也是对事情进行深思熟虑的时期。有时，孵化是有意识的行为；有时，它是无意识的行为，出现在人们从事其他活动的时候。

（3）洞察　洞察是指识别闪现的机会，此时问题的解决办法被发现或创意得以产生。有时，它被称为“灵感”体验。在商务环境中，这是创业者识别出机会的时刻。有时候，这种经验推动过程向前发展；有时候，它促使个人返回到准备阶段。

（4）评价　评价是创造过程中仔细审查创意并分析其可行性的阶段。许多创业者错误地跳过了这个阶段，他们在确定创意可行之前就去设法实现它，最终很有可能导致失败。

（5）阐述　阐述是创意变为最终形式的过程。创意的详细情节已构思出来，并且变为有价值的东西，诸如新产品、新服务或新的商业理念。在创业活动中，这正是撰写商业计划的时候。

如果在某个阶段停顿下来或没有足够信息继续下去，那么最佳选择就是返回到准备阶段，以便在继续前进之前获得更多知识和经验。

第二节 机会的发现和识别

一、创业资源的种类

创业的一个前提条件就是资源。哈佛大学的霍华德·斯蒂芬森（Howard H. Stevenson）认为："创业者在企业成长的各个阶段都会努力争取用尽量少的资源来推进企业的发展，他们需要的不是拥有资源，而是要控制这些资源。"

一般认为，资源就是指对于某一主体具有支持作用的各种要素的总和。对于创业者来说，只要是对其创业项目和创业企业的发展有所帮助的要素，都可以归入创业资源的范畴。因此，可以对创业资源做如下定义：创业资源是指对创业项目和创业企业发展具有支持作用的各种要素的总和。这当中最基本的要素是信息资源、人力资源、资金资源和社会资源等。

（1）信息资源　企业对于信息的搜集能力和对信息反应的灵敏度决定了企业能否立足于市场。这一点对于创业企业尤为重要，不管是创业之前的项目选择、商业决策，还是企业创立之后的运营管理，都需要收集关于创业项目的各种信息。信息资源主要包括市场信息、项目信息、资金信息和政策法规信息等。

（2）人力资源　人力资源包括创业者与创业团队的知识、能力和经验，也包括组织及其成员的专业智慧、判断力、视野和愿景，以及创业者的人际关系网络。对初期创业者来说最关键的是人力资源，因为一方面创业者需要从目前的市场看到机会，整合资源发起创业，另一方面创业者自身的价值观和信念更是整个创业过程的基石。

（3）资金资源　资金是企业的血液，没有资金，新创企业是无法正常运转的。资金资源主要包括现金、有价证券、厂房、设备和土地等。对于创业者来说，资金的来源主要是个人、家庭和朋友。一般创业者由于缺乏抵押物等多方面因素，很难从外部获取大量的资金资源。

（4）社会资源　社会资源主要是指创业者拥有的政府政策与法规、非政府组织或非营利性组织等发布的信息以及一切他人拥有却可为我所用的资源。对于创业者而言，运用社会资源尤其是企业没有拥有权的资源，在企业的初期和早期成长阶段十分重要。

二、创业资源获取的途径与影响因素

（一）创业资源获取的途径

创业资源的获取过程是指创业企业或者创业者通过各种可能的途径获得所需的关键资源和重要资源的过程。研究发现，创业者可以通过多种途径获得创业资源。新企业可以购买资源，还可以吸引资源，并能够从企业内部积累资源。创业资源获取的途径体现为外部获得资源和内部积累资源，其中外部获得资源包括购买资源和吸引资源。

（1）购买资源　购买资源指的是创业企业依靠自身的初始资金资源从外部市场中获取资源。创业企业在创业过程中急需某些资源时，可以通过购买外部市场的资源来解决燃眉之急。例如，新企业为制造型企业，需要大批的熟练技工，这时创业者可以通过在外部市场用较高的价格来购买这部分人力资源，以此维持企业的成长与发展。但是，由于新企业的资金资源较为有限，所以大部分的新企业并不能以该种途径获得大部分资源。

（2）吸引资源　吸引资源是指创业企业从外部市场依靠非资金资源来获得资源。创业者可以通过与其他企业的非正式合作或联盟而获取自身缺乏的资源的使用权。但是，新企业

面临的最大挑战可能恰恰是吸引资源，因为其他企业从未与新企业有过合作，不能准确把握新企业的诚信情况，难免有提供资源的顾虑。因此，就要求创业者通过自身的人格魅力、真诚的态度、美好的愿景、细致的商业计划来美化企业形象，借此吸引其他企业为新企业提供资源。这种方式相对于直接购买资源能够节省大量的企业资金资源，因此创业者通常使用吸引途径来获取创业资源。

资源的内部开发过程可以看作是一种内部资源积累的过程。因为外部市场并不能购买到创业者所需要的全部资源，所以创业企业必须通过使用内部资源而不断沉淀和积累，通过长期地使用资源，企业能够不断学习，并开发优越的资源。例如在某些技术人员的培养上，因其他企业尚无专门研究某项高新技术的人才，创业者只能通过企业内部培养的途径来获取这种人力资源。

（二）影响创业资源获取的因素

影响创业资源获取的因素可分为内部影响因素和外部影响因素，其中内部影响因素包括战略方向、领导力类型、组织结构和组织文化等，外部影响因素主要指社会网络。

（1）战略方向对创业资源获取的影响　战略方向是企业对未来发展目标的一种规划，企业在将来的一段时间内将按照战略方向前行，那么根据战略方向的不同，企业在不同阶段所需的创业资源也是不同的。例如在创业初期，企业的战略方向是生存，因此对高级人力资源的需求可能不存在，而对资金资源的需求却可能十分强烈。因此，企业对未来的不确定环境的判断影响着企业对关键资源的依赖程度以及对该资源的获取。

（2）领导力类型对创业资源获取的影响　领导力是领导者自身素质由内及外的表现，会使下属价值观趋近于领导者本身，增强下属工作动力，在潜移默化中改进下属工作表现。在创业的过程中，不同的领导风格在资源获取过程中发挥着不同的作用。领导风格一般可以分为变革型、交易型和家长式三种。这三种不同的领导风格均以自身独有的方式来获取资源。变革型领导鼓励用创新思维思考问题，主张积极沟通，帮助员工深入了解企业内部现状，让员工明白企业真正所需的资源类型；交易型领导会通过建立合理的激励机制，促使下属有动力和激情去获得新资源；家长式领导具有较强的集权性，会将下属已有的资源收归自己手中，推动下属使用其他创新方式去获得资源。

（3）组织结构对创业资源获取的影响　组织结构是组织内部工作人员为达成组织目标，根据某种标准将不同人员分配到权、责、利不同的岗位上的结构体系。组织结构的不同将导致获取资源的类型和方式有所不同。如果企业的组织结构分工细致、权责清晰，那么相关组织工作人员在相关领域内收集信息资源、人力资源就较为容易。如果企业的组织结构是灵活分工、高度分权的，则会促使工作人员在组织中与其他成员形成更为可信的关系，建立更为有效的沟通机制，从中为企业获得关键信息资源。

（4）组织文化对创业资源获取的影响　组织文化是组织在发展过程中自发形成的一种共同的价值观与行为准则，能够帮助新员工理解企业的使命等。对于创业初期的企业而言，创业者本身的价值观和信念构成了组织文化。组织文化大致可以分为外向开放型和内向封闭型两种，不同类型组织文化的企业获取资源的方式与种类是不同的。外向开放型的组织更注重从外部获得资源，如外部社会资源；内向封闭型的组织更注重内部积累资源，如积累企业发展所需的资金资源。

（5）社会网络对创业资源获取的影响　社会网络是创业者获取创业资源的重要渠道，它能够为创业者提供有价值的有形资源和无形资源。创业企业通过利用创业者的个人社会网络以及企业间的联盟关系来获取稀缺性资源。商业社会网络能够为企业带来关键的市场资源，如与商业伙伴密切交流可使企业得到公开市场上难以获得的重要市场信息资源。也就是说，创业者与政府部门机构、商业协会等建立顺畅的沟通渠道能够增加企业商誉，从而减少获取资源的成本，提高所获得资源的重要性。

三、创业资源的开发

（一）信息资源

创业者信息收集的途径与手段主要有以下几个方面：

（1）收集市场信息的直接手段　要想了解新产品与新服务在顾客中的反馈，最简单有效的方法就是收集他们对于产品或服务的感受，从中得到有助于企业改善服务与产品的建议与意见，这种方法称为顾客调查法。当然，可以让目标群体对创新产品（服务）与现有的产品（服务）进行对比，也可以通过访谈或发放调查问卷，请目标消费群体对他们所需要的产品（服务）进行描述，从不同维度对产品进行分级等。这种调查研究通常使用一些量表让消费者评分，从中获取定量的产品（服务）信息。

（2）收集市场信息的间接手段　在收集市场信息时，有些信息并不能由创业者自身通过调查直接获得，但是创业者可以通过间接手段获得，如在互联网上查找统计年鉴、到超市咨询日营业额、到餐厅去询问顾客人均消费等。也可以通过查看政府公开文件和行业研究报告，以及聘请商业信息公司代为调查，从而获得关于产品（服务）或市场的信息。

（3）信息收集途径　信息收集的渠道可以来自同行创业者、同行企业、专业机构、政府管理部门和新闻媒体等。在创业过程当中，创业者可能会遇到与其开展相似或相同业务的其他创业者，因此创业者之间可以相互交流，相互交换宝贵的项目信息，如技术的重点与难点、产品（服务）的市场前景、如何与其他组织和个人交流沟通等。通过这样的交流，双方都节约了大量的时间与精力，从而能够快速度过创业初创期。但是，创业者彼此之间还存在竞争的关系，所以根据现实情况，同行之间的信息交流可能并不顺畅。因此，创业者需要塑造积极正面的形象，以便争取同行的信任和支持，运用差异化思想主动求新求变，尽量避免与同行直接竞争。还可以与同行建立情感联系，主动参加同行组织的活动，积极收集公开与非公开的资料信息。当然，在信息收集的过程中，要以不损害同行利益为前提，并注意规避法律问题，避免做出窃听、窃取商业机密等违法行为。

（二）资金资源

创业企业面临的最重要的问题之一就是资金资源的短缺。企业更新设备、引进技术、开发产品、开拓市场、扩大规模、并购重组和对外投资等都需要一定规模的资金，那么创业者如何去筹集这些资金呢？创业者可行的筹资途径有自我融资、亲友资助、天使投资、政府资助和风险投资等。

（1）自我融资　自我融资即创业者将自己的部分或全部财富投入到创业活动后，再由投资者投资该企业。因为投资者会担心存在的风险，如果企业中没有创业者的自身财物，可能会发生创业者随意挥霍公司资产而投资者却无法阻止的情况。而一旦创业者也将财产投入企业后，创业者就会谨慎使用企业的资金。然而，自我融资只能部分缓解新创企业的资金饥渴，并不是根本的解决办法，尤其当创业企业从事资本密集型产业时，资金压力就更大。

（2）亲友资助　亲友资助即亲友为创业者提供使用低息或者无息资金的机会，甚至参与投资企业的过程。亲友不像专业投资者那样要求快速稳定的回报，因此对于新创企业来说，亲友资助通常能够帮助企业度过最为艰难的生存期，是培育企业成长的第一份养料。

（3）天使投资　天使投资即自由投资者在他们认为项目有创意或者对创业者能力充分认可的情况下，对初创企业进行一次性的启动性投资。由于天使投资的投资额度一般比较小，因此对创业者与项目的审查并不严格，主要是投资人根据主观判断决定是否投资，因此创业者较为容易获得资助。同时，部分天使投资者是行业内的知名人士，他们对初创企业的投资可能会带来大量行业内部的联系网络，有助于提升企业在业内的认知度，对于初创企业的发展较为有利。天使投资者很多本身就是企业家，他们了解创业者的难处，对创业公司能够进行一定的指导，有利于初创企业的顺利发展。

（4）政府资助　政府资助即政府为鼓励社会形成创业氛围，为创业者提供各种形式的资金资助。例如云南昆明五华区政府就建立了大学生创业示范园区，并制定一系列政策扶持创业者，如向大学生创业者提供最高 10 万元的小额贷款，免费使用办公设备和物业管理服务，免费进行创业技能培训，每月补贴 200 元的互联网通信费用等优惠政策。再如杭州市政府为创业者提供项目无偿资助，只要创业项目通过专家组评审后，将为创业者提供 2 万元、5 万元、8 万元、10 万元四个等级的无偿资助。此外，杭州市政府还对创业者的银行商业贷款给予 50% 贴息，最高额度为 1 万元。

（5）风险投资　风险投资是指由专业金融人士对创业企业经过一系列周密的考察、评估之后，对创业企业投入大笔资金，以谋求高额回报的投资形式。

（三）人力资源

创业的整个过程都需要人来推动企业运营，因此人力资源成为创业中的关键因素。在新创企业的人力资源里，有以下几种人力资源：创业发起者、核心成员、管理团队和其他人力资源。

（1）创业发起者　创业发起者一般是创业活动的召集者和发起者，通常能提出与众不同的创意或者进行资源协调，是创业团队中的领导人物。创业发起者的经验、知识、技能与能力都是新创企业无形的财富，许多风险投资者正是把对创业发起者的认知作为决定是否投资企业的依据，因为风险投资者相信优秀的创业发起者具有成为企业管理者的潜质。那么，创业发起者需要具备哪些方面的素质呢？有研究者将优秀的创业发起者需具备的素质归纳为创业激情、工作经验、社会关系和专业知识。

（2）核心成员　核心成员是指在创业初期加入团队，以创业发起者为中心并团结在其周围的团队成员。他们从各自的视角为创业发起者筹划，并且能够很好地完成自身职责范围内的工作，是创业发起者同甘共苦的好朋友。在创业初期，创业发起者需要能够清晰地找出自己的核心成员。如果选择不善，将会给公司今后的发展带来障碍。

（3）管理团队　管理团队也是创业过程中的重要人力资源。随着创业公司发展到一定的阶段，管理体系逐渐健全，各项规章制度逐步完善，组织架构也日益清晰，部分创业初期的核心成员的能力与精力已经不能胜任目前的工作，此时公司就需要从外部引进一些专业的管理人才。这些专业人士能够为企业带来有益的建议与革命性的管理思路。在公司董事会中，创业者应当注意聘请外部独立董事，这不仅仅是公司治理的需要，更主要是因为独立董事能够从专业角度提出公正客观的建议。

（4）其他人力资源　在创业过程中还有一些可供利用的其他人力资源，如管理咨询公司、银行、律师事务所和海关等机构的专业人士。以会计师为例，会计师可以给初创企业提供很多的帮助，特别是在创业企业面临上市时，他们具有丰富的实务操作经验，能轻松解决原本困扰企业管理者的问题。尤其是大学生创业者，在对公司各项业务不太熟悉的情况下，可以充分利用好“外脑”整合各方面的资源。

（四）社会资源

创业者在创业活动中还可能使用到社会资源。从来源来看，社会资源可以分为政府部门资源、金融部门资源和中介机构资源。

（1）政府部门资源　在创业活动中，最为重要的社会资源是政府政策法规，特别是政府为了鼓励创业而颁布的一些政策和法规，因为这些政策和法规可能关乎新企业的建立和发展，它对新企业能否快速发展、能否顺利设立起到至关重要的作用。近几年来，随着党中央、国务院高度关注创业企业的发展，各级政府不断出台各类型的扶持政策，明确要求各级机关给予创业者扶持，尤其对大学毕业生创业群体提供了诸多优惠政策，同时为创业者提供税收优惠和银行商业贷款贴息等鼓励政策。因此，创业者在创业之前，应当积极收集各级政府有关鼓励创业的政策和法规，充分利用政策扶持，推动新创企业发展。

政府对于创业者的扶持力度日益增强，在全国各地培育了浓厚的创业氛围，对于推动全社会人士创业无疑起到了积极作用。随着全国创业者群体的不断壮大，创业者也会对政策产生反作用力，从而与政府一道共同创造更加宽松、和谐的创业环境。

（2）金融部门资源　创业者在创业过程中要注重开发金融部门资源。目前在党中央和各级人民政府的引导下，越来越多的金融机构参与到扶持中小企业和创业企业中来。如安徽省政府为大学生创业者组织了小额贷款项目推介会，提供助业贷款，并推出一定的优惠政策。此外，共青团安徽省委员会与光大银行合肥分行联合实施“大学生创业小额贷款”项目，为有创业意向的大学生提供创业资金。中国青少年发展服务中心、教育部高校毕业生就业协会、北京市人力资源和社会保障局、共青团北京市委指导，全国青年彩虹工程实施指导办公室、北京市人力资源和社会保障局劳服中心共同建立的“放飞青春梦想，创业成就未来”援助计划，联合中国邮政储蓄银行北京分行对大学生创业提供免费的创业贷款咨询服务，并为符合创业条件的青年学生开辟创业贷款绿色通道。

在政府机构主导之外，近年来各地金融机构根据当地的实际情况纷纷创新贷款机制，为创业者提供贷款，如国家开发银行吉林省分行为应对农民创业小额贷款成长型客户逐步增长的融资需求，解决县域担保机构资本金规模小等问题，推出小微企业贷款“千户成长”模式，为企业提供单笔50万～500万元的快捷融资服务。

对于这些融资机会，创业者应当学会事先合理测算自身的资金需求，选择合适的金融产品。虽然各地金融机构对创业贷款的支持力度逐渐加大，但是银行作为风险回避者，仍然会对创业项目进行适当的筛选。因此，创业者在面对金融机构的融资考察和答辩之前，应完整并细致地整理出创业项目的思路、创新点、盈利前景和团队人员等项目信息，做到有问必答、答必释疑，将项目的真实信息呈现出来，打消金融机构的质疑，以诚信打动金融机构。

此外，创业者在创业过程中遇到项目抉择、创业理财和项目保险等方面的困难时，可以向金融机构中的专业人士求助，他们具有常年扶持与帮助企业的经验，可避免创业者在创业过程中遭遇金融风险。

（3）中介机构资源　由于创业者以及团队成员专业知识的局限性，在创业过程中势必需要借助外界中介机构的力量，如税务、法律和贸易等机构帮助解决相关问题。中介机构中有大量专业人士，常年从事税务、法律和贸易等事务，积累了大量经验，对于企业管理中的许多问题有着独到的见解。创业者通过与中介机构的专业人士进行交流与沟通，能够听取专业人士的指导性意见，并学习到解决问题的方法。同时，随着管理咨询行业在我国的迅速发展，创业者在遇到无法解决的管理难题时，可以借助第三方管理咨询机构的力量，如帮助企业构建科学管理体系，建立符合自身需要的企业制度，打造企业品牌等。

四、利用与整合资源

所有创业者最期待的条件就是能拥有所有的创业资源，但国内外创业实际情况显示，许多创业者早期所能获取与利用的资源都相当匮乏，但是优秀的创业者在创业过程中所表现出的卓越创业技能之一就是创造性地整合、转换和利用资源，尤其是那种能够创造竞争优势且带来持续竞争优势的战略资源，可以借此成功地开发出机会，进而推动创业活动向前发展。因此，资源的转换、利用和整合成为创业者必须面对的严肃问题。

（一）创业资源的转换与利用

哈佛大学的霍华德·斯蒂芬森（Howard Stevenson）的研究为创业成功者提供独特的资源利用方法，他的研究结论认为创业者在企业发展的各个阶段都会尽可能使用最少的资源来推动企业的成长，创业者需要的不是拥有资源，而是要控制这些资源。因此，创业者在每个阶段都要询问自己，怎么样才能用尽可能少的资源来获得更多的利益。随着当下创业研究的深入，研究者归纳总结出成功创业者的特质之一就是善于转换与利用资源，其主要途径有以下三点：依靠自有资源、拼凑和发挥资源的杠杆效应。

1. 依靠自有资源

大部分创业者因为受到有限资源的约束，被迫寻找独创性的方法建立企业，并推动企业发展。创业研究者使用 bootstrapping（依靠自己努力获得成功）一词来描绘这种创业者在这个过程当中使用资源的方法，即在资源受到约束的条件下，创业者对很多连续阶段投入资源并且在每个阶段只投入最少的资源，因此被人们称为步步为营法。步步为营法是指创业者最大限度使用企业内部的自有资金，最大限度地避免外部融资，在资源有限的情况下树立企业的崇高使命和实现使命的可行路径。

步步为营法的主要策略是成本最小化，但是过分强调低成本会影响到公司形象与产品质量，最终会限制企业的快速成长。例如，有些公司为了降低生产成本，使用地沟油作为食用油的生产原料，不但导致企业被依法关停，而且也对社会造成了严重危害，这种短期暴利行为对于创业活动是不利的。因此，步步为营法中的成本最小化是有前提的，就是有企业使命，即在能够实现企业使命的前提下，运用成本最小化的步步为营法。

依据“使命最重，成本兼顾”的指导思想，创业者在运用步步为营法时仍会有很大的选择余地。创业者可以通过申请进驻政府创立的创业园或创业孵化器，享受那里的免费办公室，与其他创业者一起共享办公设备（如计算机和打印机等），与此同时结识其他创业者。创业者可以使用兼职人员，也可以借调员工，还可以雇佣实习生。在实现创业目标的过程中，创业者能够独辟蹊径找到许多降低成本的方法。

当然在当今时代中，步步为营的自力更生策略并不一定可取，因为适当借助外部资源可更好更快地推动企业发展，帮助企业实现跨越式发展。

2. 拼凑

绝大多数创业者都是在资源有限的约束下开始创业的。创业者在一穷二白的情况下，用身边有限的资源打破传统定义、常规惯例和标准的约束，创造出独一无二的产品与服务。他们身边的资源可能对于普通人来说是没有价值的，但是优秀的创业者凭借自己的创意与技巧，整合其他资源，最终达成了一些原本看似不可实现的目标。我们把这种创造性利用资源的行为称为拼凑。

研究者认为，独创性的拼凑有三个重要因素，分别是：

（1）身边有可用的资源　擅长拼凑的人一般来说身边长期存在着一些固定资源，这些资源可以是知识、技能和经验，甚至是一种想法。这些资源在别人眼中可能是毫无利用价值的，但是创业者会有意无意地收集这些资源，在恰当的时候将这些资源转化为所需要的资源。

（2）整合资源实现新的目标　拼凑的特征之一就是整合身边资源，目的是实现企业的新目标。当前市场情况瞬息万变，只有在这个环境中快速识别机会，调整企业的资源结构，提供当前环境下消费者需要的产品与服务，企业才能获得发展机遇。这就要求创业者有能力识别新机会、发现新问题，并利用身边已有的资源实现目标。

（3）凑合使用　由于拼凑时往往使用身边可用的资源，因此凭借有限资源拼凑出来的产品可能存在先天性的缺陷，注定只能凑合使用。创业者需要开放创新性思维，挣脱传统理念的束缚，勇于尝试。这种方案可能不是最优方案，而是次优方案，却是创业者在当前情况下的理性唯一选择。

3. 发挥资源的杠杆效应

杠杆效应是以最少的付出谋取最多的收获的法则。创业者要在创业过程中训练自己发挥资源的杠杆效应的能力。发现一种未被充分利用的资源，并进一步发掘这种资源能够用于哪些特殊方面，说服那些资源所有人让渡使用权，这个过程就意味着创业者没有被当前拥有的资源所限制，能够使用独创性的方式，以最小资源成本获取最大收益。

资源的杠杆效应体现在以下方面：利用一种资源换取其他资源；创造性地利用别人认为无用的资源；能够比别人有更长时间占用资源；借用他人或其他公司的资源来达成创业者自身的目的；用一种富裕资源弥补一种稀缺资源，产生更高的附加值。

（二）创业资源的整合

创业者能否做到资源的真正整合，是决定企业生存还是灭亡的关键。因此，创业者在整合资源的过程中，可以参照以下资源整合的原则：

（1）尽最大可能去搜寻和圈定可以被整合的资源提供者　创业者想要整合资源，首先必须找到可以被整合的资源提供者，并将其作为目标对象。创业者可以通过两种逻辑去寻找目标：第一种是找到拥有大量资源的潜在资源供给者，如各级政府、世界 500 强的大公司等；第二种是尽可能多地搜寻潜在的资源供给者。

（2）寻找和思考与潜在资源提供者之间的共同利益　商业世界当中所有的活动都是围绕着利益进行的，所以想要整合各方资源，需要创业者仔细分析潜在资源供给者真正关注的利益所在。尽管从表面上观察，不同企业、不同机构各自的目的不同，利益诉求也不同，但是从内部分析，其实各个机构之间的利益有着紧密的联系。创业者需要做的是发掘其共同利益诉求，与各个资源供给者建立紧密的利益关系，将他们纳入创业者的利益网络中，成为利益相关者。

（3）构建双赢的整合机制　资源通常与利益相关，创业者之所以能够从家庭成员那里获得支持，就是因为家庭成员不仅是利益相关者，更是利益整体。既然资源与利益相关，创业者在整合资源时，就一定要设计好有助于资源整合的共赢利益机制，借助共赢利益机制把潜在的和非直接的资源供给者整合起来，从而借力发展。

（4）建立顺畅的沟通机制　在整合资源的过程中，与各方沟通是必不可少的。因此，创业者必须与各方建立顺畅的沟通机制，派出具有一定沟通能力的团队成员负责与各方沟通，这将成为整合资源成功与否的关键因素。有研究结论可以很直观地证明沟通的重要性，就是两个 70%。

第一个 70% 是指调查研究得出创业者们有大约 70% 的时间用在与人沟通上。管理者每日的开会、谈判、协商、拜见供应商或约见合作伙伴等都是最常见的沟通形式。此外，撰写计划书和各类文字材料，其实也是一种书面沟通方式。

第二个 70% 是指企业中 70% 的问题是由于沟通机制不顺畅造成的。例如，创业企业中常见的“执行力低下”问题的本质原因就是缺乏沟通或管理者不懂得沟通。企业之间商业交往的成功与否在很大程度上也跟创业者沟通能力的优劣有关。无论是人与人之间还是企业与企业之间良好感情的建立，都是双方持续不断地顺畅沟通的结果。

创业企业整合资源的过程就是与企业内部和外部的资源供给者充分沟通的过程。在企业外部，创业者需要与外部的投资者、银行、各级政府机关、媒体、同行业者、消费者和供应商等，通过沟通建立联系，获得信任，消除利益分歧，争取对方的扶持与帮助，取得共赢的结果；在企业内部，创业者必须通过顺畅沟通，鼓舞员工士气，争取员工团结，消除员工不满，提升企业运营效率与业绩。

五、创业资源的投入控制与开发

（一）创业资源投入控制

为了掌握机会，拥有庞大资源的组织（如政府部门、较大的非营利组织与大公司等）常常会使用大量资源，因为通过这种方式，大多能降低组织失败的概率，同时增加最后可回收的量。创业研究者却认为，成功与资源投入量的多少并不具有相关性，最重要的是，组织如何运用创意来投入和配置资源。普通创业者常常根据自身的主观意向来使用他们所拥有的有限资源，然而一个成功的创业者往往能合理地配置资源。

对创业者而言，一次投入所有的资源并不理性，逐步投入资源的压力主要来自以下因素：

（1）预期资源需求的短缺　由于外部环境在快速变化，预期资源需求不见得能适时到位，创业者必须适当修正自己创业时的资源预期。时代的快速进步使得使用技术预测资源需求的风险越来越大，预测消费者经济状态、通货膨胀和市场反应变得越来越困难。因此创业者逐步投入资源才有弹性，允许创业者针对环境的反馈做出适度的修正，一次性将所有资源投入是非常没有必要的冒险行为。

（2）外部控制的限制　所有公司的资源都是有限的，不能随心所欲地投入大量资源从事某一行业，而必须将环境的限制因素列入考量范围。例如20世纪70年代因为国际环境限制的缘故，造成全世界的石油短缺，企业并不能顺利地获取创业资源。

（3）社会需求　逐步投入资源使创业者能针对某项特定任务决定最适合的资源投入程度，但需要考虑投入多少资源才能掌握住机会，所以创业者必须在投入资源的恰当程度与投入时间这两个因素间做出正确的决定。创业管理所面临的许多危机，往往是因为创业者在致力于追求机会的过程中投入不恰当的资源（过多或过少）。除了投入资源的数量，资源投入的时间点也是影响成功与否的因素。为了适应时代的快速变迁（新形态的竞争者、新市场和新技术等），创业资源必须在不同的阶段分批地投入，才能更有效地运用。

（二）创业资源投入开发

创业资源投入开发是创业者在创业过程中必须掌握的理念。创业者在考虑要将何种资源作为公司核心资源、何时投入核心资源时，也必须学习如何开发利用外界的资源。因为创业者要尽量避免拥有更多的设备或是雇用更多的员工，尽可能地减少自身的创业压力。

【案例4-5】

百度公司的创业之初

百度公司创业之初，除了财务、出纳和行政部门，公司全是技术人员，李彦宏和徐勇兼做销售，专职的技术人员有5人，其他都是来兼职的北京大学和清华大学的学生。李彦宏当时感叹道，不是不想多招几个技术人员，而是国内真正懂搜索引擎技术的人才太少，只好一边干一边培养。

当初，李彦宏也从没考虑过要租豪华写字楼，这个山西汉子似乎从骨子里渗透着晋商那种精打细算的沉稳与冷静。他为新公司选址在北大资源楼。这个地方紧邻北大，和中关村隔四环相望，非常适合技术创业。他这套选址的技术是从硅谷学来的，硅谷很多IT创业公司就环绕斯坦福大学办公，老师和学生兼职起来很方便。

创业者这种开发利用外部资源的能力，在今日快速变迁的商业环境下，变得越来越有价值。创业者可以使用以下途径来开发利用外部资源：

1）外包。超大规模集成电路（VLSI）设计工程师和专利律师对于一家电子公司来说可能是很必要的资源，但并不是会经常用到的。因此，只是去使用这种资源而不是拥有它，这样可以减少公司的风险与固定成本。

2）租赁。技术的快速发展会让拥有资源的创业者面临资源快速失效的风险，负担昂贵的替换成本，租赁的方式可降低这类风险。

3）战略联盟。在创业初期对资源有大量需求时，可以通过与大公司进行战略联盟获取自身发展所需要的资源，使用而不拥有资源可以降低创业成本。

第三节 创业风险的剖析

一、创业风险概述

创业风险是指创业活动给创业者带来某些损失的可能性，属于风险的一个分支，即由于创业环境的不确定性，创业机会与企业的复杂性，以及创业者、创业团队与投资者的能力与实力的有限性，而导致创业活动偏离预期目标的可能性及其后果。

【案例 4-6】

创业选择

李亦天和徐寿辉曾经同时进了一家大公司从小职员做起。但是，几年后李亦天权衡再三，选择了创业，辞去了在公司的职务。徐寿辉则认为自己不适合创业，一直踏踏实实地做一个本分的小职员。

对李亦天而言，他就面临着机会成本风险。因为如果不去创业，自己尚有一个职业可以实现温饱，现在辞去了工作，不仅失去了稳定的经济来源，而且连医疗保险、退休金和住房福利等都没有了。

假如李亦天将来创业成功，拥有发展前景良好的企业，和徐寿辉相比，李亦天真正有了自己的事业，而徐寿辉尽管工作勤奋，即使做上公司总经理，也不过是为他人打工。但如果李亦天创业失败了，几年以后不得不到一家公司去做小职员，那么相对徐寿辉而言，李亦天不仅失去了几年的福利，而且也失去了几年的工作资历。另外，年龄的原因也会使李亦天丧失一些机会。

风险是一种概率，也是一种未来的影响趋势，它在未变成实际威胁之前，并不直接对创业活动造成负面影响。创业前，要充分分析自己在该项创业过程中可能会遇到什么样的风险，哪些是可控的，哪些是不可控的，哪些是致命的，哪些是可以挽救的，并且从最坏的结果来分析自己能承担的损失限额，自己能支撑多久，出现创业瓶颈应该如何应对，一旦出现这些风险要如何应对、规避和化解。

（一）认识创业风险

风险识别是风险管理的基础，也是风险管理的第一步。大学生所具备的风险意识和掌握的规避风险的能力将直接影响创业活动的成败。只有在正确识别出创业活动所有面临的风险的基础上，才能够主动选择适当的、有效的方法进行应对和处理。

1. 创业风险的特征

（1）创业风险的客观存在性　在创业过程中，风险在很大程度上是不以人的意志为转移的，是独立于创业者或创业主体意志之外的客观现象。例如，地震、洪水、台风、瘟疫、意外事故的发生等，都是不以人的意志为转移的客观存在。创业者只能在一定的时间和空间内改变风险存在和发生的条件，采取有效规避风险的办法，来降低风险发生的频率和损失程度，但却不可能彻底消除风险的存在。

（2）创业风险的不确定性　在创业过程中，由于信息的不对称和各种创业因素的不断变化，创业者对未来风险事件发生与否难以预测，这就是创业风险的不确定性，它主要表现在：风险发生的概率的不确定性；风险发生的时间和空间的不确定性；风险产生的损失程度和范围的不确定性。

（3）创业风险的损益双重性　要创业就一定要在风险和收益之间进行抉择和权衡，不能只顾收益而不顾风险的大小，也不能因为害怕风险损失而失去目标。创业风险对于创业收益不只是有负面影响，只要能正确认识并充分利用创业风险，把风险当作一种经营机会，反而会很大程度地增加收益。风险并不一定就代表损失，要敢于承担风险，并战胜风险。机会与损失并存，机遇与挑战同在。

（4）创业风险的可变性　在一定条件下，创业风险会因时空等各种因素的变化而具有可转化的特性。这种转化包括：风险的增大或减小；风险在一定的空间和时间范围内被消除；新风险的产生等。世界上任何事物都是相互联系、依存和制约的，任何事物都处于变动和变化之中，这些变动和变化必然会引起风险的变化。例如，国家政策的变化、金融危机的爆发和科技的进步等都可能使创业风险因素发生变动。

（5）创业风险的相关性　这是指创业者所面临的风险与其创业行为和创业者做出的决策是紧密相连的。同一事件对于不同的人会产生不同的风险，同一创业者根据其做出的决策或采取的策略不同，导致其将要面临的风险结果也会有所不同。

（6）创业风险的可测性与测不准性　创业风险的可测性与测不准性一方面是指创业风险可以通过一定的方法（定性或定量）来评估和测量，另一方面是指创业投资、创业产品周期与创业产品市场的测不准等因素，会造成创业风险的实际结果出现偏离误差范围的情况。

2. 创业风险识别的概念和意义

在风险发生之前，创业者依据创业活动的迹象，运用各种方法对企业面对的现实的和潜在的风险进行辨认和鉴别，也是系统地、连续地发现风险和不确定性的过程，这就是创业风险的识别。例如，某公司没有遵守远期合约风险对冲政策，内部监控不到位，而且存在严重漏洞，加之授权审批控制失效，风险管理不集中，管理层风险意识淡薄，在遇见巨大风险时，没有及时采取应对措施来规避风险，导致风险无限量扩大，酿成巨大亏损。

可以看出，企业要合理控制投资比例，限制高风险投资，制订相应的风险控制方法，内部结构要合理，控制境外衍生品的交易风险，还需要提前制订风险规避的计划。

风险识别是管理一切风险的基础。创业者除了要识别如国家政策的调整、市场供需的变化和行业趋势的发展等显性风险，还要识别某一形势变化的连锁反应可能带来的半显性风险，同时还要能识别突发事件可能带来的隐性风险。创业风险识别的意义包括：

（1）有利于减轻创业的财务负担　创业资金一直是困扰创业者的主要问题之一。大学生作为创业的一个特殊群体，创业时往往没有资金积累，资金实力普遍较为薄弱，现金不足，收入有限。所以，大学生在创业初期要充分做好市场调研，了解清楚市场行情后再创业，可降低创业风险并减少风险带来的财产损失。

（2）有利于创业管理向规范化方向发展　由于大学生创业者普遍存在社会经验不足、精力与能力有限等问题，对各类风险的识别和评估不够准确，管理制度不够健全，因此需要建立一个合理的、完善的和规范的管理体系，使各类风险都明确有人分工负责，逐渐规范内部管理，并形成相应的职能管理体系。

（3）有利于创业者综合素质的提高　创业是个从无到有的过程，存在太多不确定因素，这些不确定性也包括各种潜在的损失。系统识别和统筹管理这些风险，是创业者能力高低的重要标志之一。

3. 创业风险的成因

（1）职业精神和道德秩序的缺失　一个成熟而健康的竞争环境，应该是法律与道义传统、社会行为规范的整体协调，而不是仅在法律法规的框架内追求利益。创业者应以道德为约束，以诚信和“三公”为信条，塑造具有中国特色的商业环境和职业精神。

（2）决策的独断和无制约　有的企业家是集创业者、所有者、决策者和执行者于一身，董事会形同虚设，下属也是唯命是从。因此，必须建立有独立权力的董事会，制定有效的约束机制和可以量化的指标。

（3）盲目地扩张和多元化　急速地扩张是创业失败的根源之一。企业多元化现象也普遍存在。

（4）一夜暴富的投机性　想发横财的人，往往寄希望于“意外”而非“努力”，终究会与成功背道而驰。

（5）管理不善，错把“人材”当人才　大学生创业者社会经验不足，企业管理、人力资源管理和财务管理经验更加欠缺，可能无法正确区分和对待“人材”和人才。“人材”是指那些学历高、颜值高却无法创造高价值的人，他们只是企业的门面，而人才则是具有真才实学、能给企业创造巨大财富和价值的人。对待人才，企业应营造一个尊重人才的环境氛围，使人才如鱼得水；对待“人材”，企业要有发展的眼光，要敢于投资和进行技能培训。

（6）合伙创业成也合伙败也合伙　在大学生创业初期，由于资金、经验和人才短缺，合伙能聚合和整合不同的资源。所选择的合伙人的能力结构要互补，角色分配要合理，实力要相当，利益分配要合理，管理与被管理的关系要理顺，反之则合伙必将失败。

（二）创业风险识别的常用方法

创业风险识别的常用方法主要有环境分析法、财务报表分析法和专家调查法等。

1. 环境分析法

创业环境决定着创业的价值观和创业的行为方式。创业宏观环境由自然、政治、社会和经济等环境构成，而创业微观环境由投资者、竞争者、消费者、供应商和政府部门等构成。运用环境分析法，重点是分析环境的不确定性及变化趋势，明确机会与风险，发现企业的优势和劣势，找出这些环境可能引发的风险和损失。

2. 财务报表分析法

财务报表分析法是以企业的资产负债表、利润表以及财务状况等资料为依据，对企业的流动资产、固定资产等情况进行风险分析，以便从财务的角度发现企业面临的潜在风险。财务报表分析可以为发现风险因素提供线索。这种方法是风险识别的有力手段。

3. 专家调查法

它是指通过引用专家的经验、知识和能力，充分发挥专家的特长，对风险的可能性及后果做出估计，是一种重要而又广为应用的风险识别方法。专家调查法通常首先会选择主要的风险项目，从而选聘该领域的专家对可能出现的风险进行评估和评分，然后整理分析专家提出的意见并将结果反馈给专家，再进行第二轮和第三轮评估结果汇总，直到比较满意为止。

二、创业风险类型

创业者所面临的风险多种多样，不同的风险有着不同的性质和特点，它们形成的过程、发生的条件和对创业者造成的损害也是不一样的。由于大学生创业者的个人条件和所面对外部环境的差异，每种风险的具体表现也会有很大的不同。

（1）创业意识风险　创业意识风险是指由于创业者自身能力和知识的不足，导致其对创业过程中可能存在风险的可能性意识不够、评估能力和决策能力不强，使企业面临损失的可能性增大。大学生在校期间接受的多是理论教育，而实践经验欠缺，如果创业仅凭个人兴趣爱好，盲目决策，这样的创业无异于空谈，也增加了创业风险。

（2）财务风险　财务风险是指公司财务结构不合理、融资不当、资金不能实时筹集和供应，使公司可能丧失偿债能力而导致预期收益下降的风险。

（3）技术风险　技术风险是指在技术创新过程中，由于技术方面的因素及其变化的不确定性而导致创业失败的可能性。技术前景、技术创新、技术效果、技术优势、技术寿命和技术上是否可行等因素均存在不确定性。

（4）管理风险　管理风险是指因创业者管理经验不足、管理体系不健全和管理不善而产生的风险。管理风险的大小主要由管理者素质、决策风险和组织风险三项因素决定。

（5）行业风险　行业风险是指对相关行业不够了解及一些不确定因素导致对该行业投资、经营、生产或授信后偏离预期结果而造成损失的可能性。行业风险主要是由行业寿命周期、技术革新和政府的政策变化等因素引起的。反映行业风险的因素包括市场集中度风险、成长性风险、周期性风险、产业关联度风险、宏观政策风险和行业壁垒风险等。

（6）技能风险　刚毕业的大学生，大多还未完全由“学生”转变为“社会人”，在年龄、阅历、社会经验、心理承受和政策把控能力等方面与社会人相比完全处于劣势。大学生创业基本技能的匮乏，将直接影响创业成功概率。

（7）市场风险　市场风险是指由于市场情况的不确定性导致创业者或创业企业损失的可能性。例如，市场需求量、市场接受时间、市场价格和市场战略等都具有不确定性。

（8）政策风险　政策风险是指由于国家政策改变而导致创业者或企业蒙受损失的可能性。国家和地方政府采取的政策对其创业的风险度也有一定的影响，如征收个人收入调节税和增加产品税等。

（9）人力资源风险　人力资源风险主要是指由于人的因素导致的创业风险，包括创业者和团队中的主要成员对创业企业的发展产生不良影响或偏离经营目标的潜在可能性。

三、创业风险评估

创业风险评估是指对创业过程中各种风险发生的可能性以及发生之后的损失程度的估计和评价。风险估计主要是对风险事件发生的可能性大小、可能的结果范围和危害程度、预期发生的时间、风险因素所产生的风险事件的发生概率四个方面进行估计。

风险评估主要是应用各种风险评价技术来判定风险影响大小和危害程度高低的过程。风险评估可以采用定量方法，如影像图分析、决策树分析、敏感性分析等，也可采用定性分析方法，如专家调查法、层次分析法等。创业者应针对不同的风险选用不同的方法进行评估，客观对待评估的结果，做好风险预警工作。

（一）创业者风险承担能力的评估

创业者在进行风险识别的过程中，不但要对创业过程进行风险评估，还要对其实际能承担风险的程度进行评估，以采取合理的风险管理方法，减少创业过程中的不确定性。创业者风险承担能力是指创业者所能承受的风险的大小和承受实际亏损的能力。创业者风险承担能力与创业者的个人能力、工作情况、收入情况、家庭情况和自我情绪控制等息息相关。可以从以下四个方面对创业者风险承担能力进行评估。

（1）计算特定时间段所要承担的风险　从商业构思到创业，再到创业企业的建立，不同阶段的创业风险大小会有所不同。一般来说，随着时间的推移和创业活动的深入，创业者面临的风险会逐步增大。创业者要根据风险的来源及其对创业活动的影响程度，估计出不同时间段可能要承受的风险。

（2）计算可能用于承受风险的资金　一般来说，创业者的年龄、家庭和经济状况会对创业者用于承受风险的资金产生影响。刚毕业的大学生因为很少有创业资金的积累，其用于承担风险的资金较少。同样，家庭比较困难的创业者，资金比较紧缺，其用于承担风险的资金也比较少。正常情况下，用于承担风险的资金数量和创业者风险承担能力呈正相关关系。

（3）从其他渠道取得收入的能力　从其他渠道取得收入的方式越多、能力越强，创业失败造成的损失对创业者的生活水平和情绪的影响就越小，创业者能够用来偿还创业失败所产生的债务的能力也就越强，其风险承担能力就越强。因此，从其他渠道取得收入的能力和创业者风险承担能力也具有正相关关系。

（4）危机管理的经验　创业者的危机管理能力会影响到创业风险发生时采取的风险抑制措施的效果，从而影响到创业风险造成损失的大小。危机管理能力越强，风险因素导致风险事件发生并进而可能形成风险损失时，创业者越能及时采取有效的风险防范措施对损失状况进行抑制，避免损失的进一步扩大，减少损失所能产生的危害。所以，创业者的危机管理经验越丰富，其风险承担能力就越强，两者也呈正相关关系。

（二）基于风险评估的创业收益预测

按照风险报酬均衡的原则，风险与报酬呈正相关关系，即创业者所承担的风险越大，其所获得的收益也越高。创业者除了对创业过程进行风险评估，充分了解自己承担风险的能力，还应该能够合理地对创业的收益进行预测，以便使其和所冒的风险相匹配，即进行创业的风险收益决策。如果预计的创业收益能够弥补创业风险损失，并给创业者带来一定的报酬，则可以开始从事创业活动，通过建立适当的商业模式，将创业机会变成盈利的创业项目；否则，应放弃创业活动。

（1）预测不同情况下的收入与成本状况　创业者要首先根据各种风险发生的概率情况对预期可能形成的收入和成本状况进行评估，进而分析出对收益的影响，来估计不同情况下的收益状况，从而确定收益变化的范围及其概率。例如，可以根据对未来宏观经济的预期，就经济繁荣、经济一般和经济衰退三种情况来预测其对创业过程中产品或服务的销售数量、单价和成本等的影响，进而预测可能的销售收入及总成本的情况。创业者如果有能力的话，可以对未来经济环境的变化做出更多可能的预测，而不仅限于以上三种情况。

（2）计算风险收益的预期值　创业者需要按照估计的各种收益发生的概率及对应的收益情况，计算风险收益的预期值，即

$$\text{预期收益} = \text{预期收入} - \text{预期成本}$$

$$\text{预期收入} = \sum_{i=1}^{n} V_i P_i$$

式中，V_i 是不同情况下产品或服务的销量；P_i 是不同情况下的销售单价。

$$\begin{aligned}\text{预期成本} &= \text{预期的变化成本} + \text{预期的固定成本} \\ &= \sum_{i=1}^{n} V_i C_i + F\end{aligned}$$

式中，V_i 是不同情况下产品或服务的销量；C_i 是不同情况下的单位变动成本；F 是预期的固定成本。

（3）计算影响收益变化的各种因素的临界值　影响收益变化的各种因素的临界值是指其他因素不变，预期收益等于零时，各种因素的极大值或极小值。例如，可以计算预期收益为零时的最低单价、最小的销售量、最大单位变动成本或最大固定成本总额。一般来说，和收益同向变化的销售量、单价等因素要计算其极小值，成本因素则计算其极大值。

（4）分析最大风险的收益和创业者风险承担能力的匹配性　通过对影响收益的各种因素临界值的计算，创业者可以对各种因素不利变化的极端情况有较为充分的了解，对其可能面临的最大风险予以合理估计，并将其和自己可以接受的最大风险程度以及风险承担能力相权衡，进行科学决策。

四、创业风险规避

风险无处不在，一旦发生难免会造成损失，因此最有效的办法是能控制风险的发生或将损失降到最小。只要在创业过程中规避一定的风险，就可能带来意想不到的机会和比例不等的收益。风险控制是指通过不同的方法和措施，使因风险产生的损失最小。常用的风险控制方法有回避风险、转移风险、损失控制、自留风险和危机公关。

（一）回避风险

回避风险是指对所有可能发生的风险尽可能地规避，以直接消除风险损失。它包括了避开风险的两种方式——先期回避和中途放弃。这两种方式都是基于承担或继续承担风险的成本将大大超过回避的可能费用这一认识。

（1）先期回避　先期回避是最完全彻底的回避，也是较常见的一种回避方式。例如，一家化工企业曾计划在某小镇的郊区进行新产品试验，但这一计划有可能导致该镇居民财产产生巨大损失，因此企业必须购买保险以预防这种可能性。但联系后发现只有少数保险公司愿意承保，而且保费大大高于公司愿意支付的数额，结果该公司决定取消这项试验计划，回避了赔偿巨大财产损失的风险。

（2）中途放弃　中途放弃不如先期回避那样常见，但这种情形确实存在。例如，某制药企业从报告中得知其所生产的某药品有新发现的严重毒副作用后，立即停止生产该药品。

回避风险具有简单、易行、全面和彻底的优点，能从根本上排除风险来源和风险因素，将风险的概率保持为零，从而保证企业的安全运行。它是一种有效的、普遍应用的方法，但也有其局限性。该方法通常用于损失程度大和发生频率高的风险，或者应用其他风险控制技术的成本超过其产生的效益时，否则不宜采用。

（二）转移风险

转移风险是指，某些单位和个人为避免承担风险损失，有意识地将损失或与损失有关的财务后果转嫁给其他单位和个人去承担。转移风险有保险转移和非保险转移两种。

（1）保险转移　保险转移是指向保险公司交纳保险费并同时将风险转移给保险人。在这种转移中，保险人有条件地同意接受由损失引起的财务负担，因此投保人将损失的财务后果转嫁给了保险人。保险能提供有效的损失补偿，起到分散风险、进行风险控制和监督的作用。但保险又并非万能的，一般仅适用于只有损失机会而无获利可能，并且有可能进行预测的纯粹风险。

（2）非保险转移　非保险转移的受让人不是保险人，而且大部分转移是通过针对其他事项的合同中的条款来实现的。在有关非保险转移的合同中，多数是为了转移财产直接损失或收益损失的财务后果，有些则是处理人身损失，大多数是转移对第二者所负的经济责任。

一般通过以下两种途径转移风险：

1）转移风险源的所有权或管理权就可以部分或全部地将损失风险转移给他人承担。例如：出售承担风险的财产，同时将与财产有关的风险转移给购买该项财产的经济单位或个人；财产租赁可以使财产所有人将自己所面临的风险部分地转移给租借人；建筑工程中，承包商可以利用分包合同转移风险。

2）通过契约实现责任转移。企业管理人员可以在签订合同中树立转嫁风险意识，将合同标的可能产生的风险，在签订合同时尽可能转嫁给签订合同的对方。但鉴于风险的关联性，不同风险之间有时会呈现出一定的灾害链，构成相关分布，所以应在签订相关契约时明确提出合约伙伴应使用保险这一转嫁工具。非保险转移作为一种风险财务技术，自有它重要的作用，但也有局限性，不能完全依赖这类转移方式。

（三）损失控制

损失控制是指在风险发生时或损失发生后，为了缩小损失程度所采取的各种措施。其主要是要减少损失发生的机会或降低损失的严重性，使损失最小化。损失控制主要包括损失预防和损失减少两方面。

1. 损失预防

损失预防是一种事前的、积极的风险控制技术，即采用各种措施努力消除造成风险的一切原因，以达到减少损失发生次数或使损失不发生的目的。损失预防活动是将注意力放在以下几方面：

1）消除或减轻风险因素。

2）改变或改善存在风险因素的环境。

3）抑制风险因素和环境的相互作用，见表4-1。

表4-1 抑制风险因素和环境的相互作用

风险因素	损失预防活动
洪水	建筑堤坝，进行水资源管理
污染	严格实施关于使用和处理污染物质的管理条例
放射性物质	建造适当的屏蔽设施和容器
烟雾	下达烟雾禁令，没收致烟物质
酒后驾驶车辆	禁酒驾，实行禁令和监禁
结冰的人行道	铲除路面结冰，撒盐，加热走道

由表4-1可以看出，所有这些损失预防活动无不针对具体原因找出隐藏在事物背后的危险因素，并采取相应的预防措施，这样才能有效地控制风险，防止损失的产生。

2. 损失减少

损失减少是一种事后的风险控制技术，它试图通过一系列措施来降低损失的严重程度，使发生损失的影响减到最小。它和损失预防对策不同，更关注的是风险的结果和后果。

一种广泛采用的损失减少的方法是“挽救”，因为完全损失的情况是较少发生的，因此可以采取挽救措施尽可能减少损失。例如：一座被水淹过的物资仓库，可能有某些存储品经干燥等有关技术处理后仍可投入使用；一片被冰雹损毁了作物的农田，经过抢种、补种仍有可能获得收成。这些都是挽救措施的例子。

（四）自留风险

自留风险是指企业既不回避也不转移风险，而是自行承担风险及损失发生后的直接财务后果。自留风险是处理风险最普遍的方法，以这种方式处理风险并不是因为没有其他的处置办法，而是出于经济性的考虑。该方法主要应用于发生概率低和风险损失程度小的风险的控制。

自留风险可能是有意识的，也可能是没有意识的；可能是有计划的，也可能是无计划的。当创业者未意识到风险的存在或低估了潜在损失的严重性，而未做风险处理准备时，自留风险是被动的，它必然会对企业产生不利的影响，因而必须避免被动自留风险，而应采取主动自留风险。企业选择自留风险作为风险控制的措施通常有以下几种情况：

（1）不可保风险　有些风险是不可保的，如地震、洪水等，在这种情况下，企业采取自留风险的管理措施往往是出于无奈。

（2）与保险公司共同承担损失　例如，保险人规定一定的免赔额，以第一损失赔偿方式进行赔偿，采用共同保险的方式做出一定的补偿，此时保险人会让渡部分保险，也就是收取比较低的保险额。

（3）企业自愿选择自留风险的方式承担风险　对于某种风险，企业认为自留风险较之投保更为有利，此时企业通常考虑的因素有：企业自留风险管理费用小于保险公司的附加保险；企业预计的期望损失小于保险公司预计的期望损失；企业自留风险的机会成本比投保的机会成本大。

（五）危机公关

危机公关是指应对危机的有关机制，它具有突发性、聚焦性、破坏性和紧迫性。危机公关具体是指机构或企业为避免或者减轻危机所带来的严重损害和威胁，从而有组织、有计划地学习、制定和实施一系列管理措施和应对策略，包括危机的规避、控制、解决以及危机解决后的复兴等，它是一个不断学习和适应的动态过程。危机公关对于国家、企业和个人等都具有重要的作用。

1. 危机公关的主要特点

（1）突发性　危机爆发的具体时间、实际规模、具体态势和影响深度是始料未及的。

（2）聚焦性　进入信息时代后，危机的信息传播比危机本身发展要快得多。媒体对危机来说，就像大火借到了东风一样。

（3）破坏性　由于危机常具有“出其不意，攻其不备”的特点，不论什么性质和规模的危机，都必然不同程度地给企业造成破坏、混乱和恐慌，而且由于决策时间以及信息有限，往往会导致决策失误，从而带来无法估量的损失。

（4）紧迫性　对企业来说，危机一旦爆发，其破坏性的能量就会被迅速释放，并呈现快速蔓延的态势，如果不能及时控制，危机会急剧恶化，使企业遭受更大损失。

2. 危机公关的准备阶段

1）根据危机影响程度，迅速建立危机管理小组，组成人员包括决策负责人、公关部经理、人事部经理、保卫部经理等。危机严重时，要由企业一把手挂帅。

2）危机管理小组首先要明确问题，并通过各种方法挖掘危机爆发的缘由。

3）危机管理小组要安排调查，深入现场了解事实，并尽快给出初步报告。

4）危机管理小组要制定或审核危机处理方案、方针及工作程序，尽快遏制危机的扩散。

5）危机管理小组要统一信息发布口径，制定新闻发言人制度，确保对外沟通的一致性和准确性。

6）危机管理小组还要决定是否聘请外部专业公关人员来协助处理危机公关事件。

3. 危机处理阶段

1）危机发生后，从组织内部的各层管理人员到基层员工都应尽快拿到组织危机应对事件的材料，并进行相应的学习。

2）在处理事件的过程中要就事论事、实事求是。

3）妥善做好善后处理。

4）开放现场或组织专门参观，运用参观活动来协助危机解决。可邀请消费者参观，让消费者亲身体会产品确实可以放心安全地使用。

4. 重塑企业组织形象阶段

1）一般而言，在危机公关过后，企业一般会采用低价促销的策略，先确保销量（即使有利润的损失也要促销）。

2）根据社会发展的不同情况，多做社会公益活动，如捐建希望小学、大灾难时捐款捐物等，树立良好的企业形象。

【案例4-7】

高露洁的危机处理

高露洁棕榄是全球顶尖的消费品公司之一，已有200多年的历史，公司在口腔护理和个人护理等方面为大众提供高品质消费品，其中高露洁是广大消费者耳熟能详的全球著名品牌之一。

2005年4月13日，美国弗吉尼亚理工学院暨州立大学向新闻界介绍了该校教授皮特·维科斯兰德（Peter Vikesland）的研究成果：很多抗菌香皂中包含的抗菌化学成分三氯生会和自来水中的氯（通常用于水处理过程中的消毒）发生反应，产生挥发性物质三氯甲烷，而三氯甲烷被美国环保署列为可能的人类致癌物。

2005年4月15日，英国记者马可·普里格（Marco Prigo）根据皮特·维科斯兰德的观点写出了《牙膏癌症警告》一文，该文章的主题是“十几种超市出售的牙膏今天成为癌症警告的焦点”。并有调查发现，包括高露洁等品牌在内的数十种超市商品均含有三氯生，而有的百货公司正在撤下所有含三氯生的商品。

于是，各家媒体纷纷炒作，均在显著位置发布高露洁可能致癌的消息。

2005年4月18日，针对一些媒体关于高露洁牙膏可能含有致癌成分的报道，高露洁牙膏的生产商广州高露洁棕榄有限公司发表声明称：“高露洁全效牙膏已经由全球各相关权威机构审查与批准。”并表态：“目前公司不会收回中国市场上的高露洁牙膏，必要的时候会给媒体一个答复。”

2005年4月19日，皮特·维科斯兰德在接受相关媒体采访时说，许多媒体对他的观点纯属断章取义，他没有说，也没想给谁一个结论，说抗菌化学物质是潜在的危险和值得引起健康关注，百货公司把有些牙膏下架，显然是对他最近研究成果的过度反应。他认为，人们跳过了他的结论，现在没有担心的必要。

虽然有了解释，但是高露洁有致癌嫌疑的消息让消费者恐慌。高露洁牙膏销量明显下降，甚至有人开始退货。许多网站发起了网上调查。截至2005年4月20日凌晨0时15分，共有60025人参加了网上调查，其中54118人表示将不再购买高露洁牙膏，仅5907人愿继续使用该产品。这说明，不少网民对高露洁的信任几乎降至冰点；88.4%的网民过去信任高露洁品牌，但是现在愿意使用该品牌牙膏的网民仅占9.84%。

2005年4月21日，《南方周末》发布《高露洁致癌事件调查：谁制造了牙膏信任危机》，称所谓“高露洁致癌事件”，其实是由于媒体信息传递失真而制造的一起公共卫生危机。

2005年4月27日，高露洁棕榄公司副总裁及亚太区总裁等一行紧急赶到中国。高露洁对“牙膏致癌”传言正式对外界做出回应，召开新闻发布会，接受150多家新闻媒体的追问。高露洁在中国的制造商广州高露洁棕榄有限公司董事长表示，高露洁全效牙膏是全世界经过最广泛测试和评估的牙膏，全世界超过30家独立的牙医协会都盖章认证了该品牌牙膏的安全性，消费者完全可以放心使用。在发布会现场，公司高层还带来了皮特·维科斯兰德教授的澄清录音。皮特·维科斯兰德表示，媒体的错误报道和过度反应造成了不必要的恐慌，他的实验室研究根本没有涉及牙膏或提出任何对高露洁牙膏使用安全性的担心。至此，高露洁事件落幕。

高露洁事件虽然在刚刚爆发时让消费者恐慌，使高露洁牙膏销量明显下降，甚至有人开始退货。但是，由于高露洁牙膏较为迅速地做出了反应，较为成功地处理了这次危机，并且始终坚持自己的品质没有问题，及时地消除了消费者心中的恐慌和对品牌的不信任，同时降低了消费者对此事的关注度，维护了企业形象，重新挽回了很多消费者对高露洁的信任。

在企业发展过程中，难免会遭遇各个方面的危机事件让企业陷于危难之中，这也是对企业管理者能力的严峻考验。企业的优秀，不仅仅体现在日常的发展中，更体现在危机的处理中。高露洁的危机公关虽然还有不足之处，但它绝对是一次值得其他企业借鉴的、较为成功的危机公关处理案例。

五、风险承担能力和收益预估

（一）创业者风险承担能力

人是创业过程中最重要的因素，创业团队的特质是区别于其他人群。暨南大学创业学院提出了 51START 创业者素质模型，如图 4-4 所示。

从图 4-4 可以看出，51START 创业者素质模型中包括了强烈的冒险特质、成功欲望、创造性、高挫败率心理准备度以及行动感。

其中，START 的每个字母都包含了作为创业者需要具有的特质，如图 4-5 所示。

图 4-4　51START 创业者素质模型

图 4-5　START 的释义

51START 创业者素质模型提供了衡量创业者风险承担能力的标准，按照每个字母所代表的特质，对创业者进行逐项评分，见表 4-2。

表 4-2　51START 创业者风险承担能力评估

维度		衡量标准	评分 6 分及格 9 分优秀 10 分卓越
S	自立和勇气	具有自立门户的一项本领（包括但不限于能力或技术、创意等）并拥有面对失败的决心	
T	变革和趋势	拥有强烈的变革愿望，并能敏锐洞察到希望变革领域的趋势	
A	果断和行动	能在两难、多难的情形下果断决策并快速行动，并始终保持卓越的行动意愿与执行力	
R	风险和责任	在面对重大而不确定的情形时敢于冒险，在出现问题与危险时仍然愿意兑现承诺，即使这种承诺会导致自身利益的损失	
T	追逐和梦想	创造或拥有一个梦想，并善于描绘愿景，同时引领团队共同追随	
			平均分： 最低分： 最高分：

根据最后的三项得分，我们可以对创业者的风险承担程度进行等级划分，见表4-3。

表 4-3 51START 创业者风险承担等级评估

创业者风险承担等级	三项得分标准			说明
	平均分	最低分	最高分	
1 级（很差）	低于 6 分	有低于 4 分项	没有 9 分项	三项是“或”关系，任何一项匹配，都表示风险承担等级为 1 级
2 级（欠缺）	不低于 6 分	不低于 5 分	至少有 1 项 8 分	
3 级（合格）	不低于 7 分	不低于 6 分	至少有 1 项 9 分	
4 级（优秀）	不低于 8 分	不低于 7 分	至少有 1 项 10 分	
5 级（卓越）	不低于 9 分	不低于 8 分	至少有 2 项 10 分	

从表4-3可以看出，如果一个创业者的平均分不低于7分，同时没有任何一项评分低于6分，而且至少有一项最高分为9分以上，可视其为合格的创业者，或者说其拥有足够的风险承担能力。

（二）创业收益评估

在创业过程中，如果开发的产品没有商业价值，对于投资者来讲就是无收益的，创业团队的项目在开发阶段就可能中断。而当产品开发到一个初始价值临界点时，就可以转换成本，投资者开始见到收益。因此，创业收益的评估，其实就是创业产品能否按时达到一个初始价值临界点的评估。

从图4-6可以看出，在产品的概念阶段创业成本开始投入，并随着立项和开发的深入，创业成本的投入逐渐增大，在到达产品拐点之前，会经历断崖高危期，这对创业团队来说是一个相当黑暗、没有希望、焦灼不安的时期，一是因为创业的成本一直在投入，二是产品在开发过程中遇到的问题会积累得越来越多，并随之牵连到其他的一些问题，例如管理问题、资金问题、士气问题等。如果创始人能带领创始团队安然度过断崖高危期，产品拐点就会出现。产品拐点的出现并不意味着商业价值的出现，而是整个创业团队经历断崖高危期的身心历练和互相磨合，已经让产品开发走上了一个比较顺利的阶段，同时产品在概念、功能和定位上也得到了更加符合市场预期的修正，同时得到了团队坚定的认同。

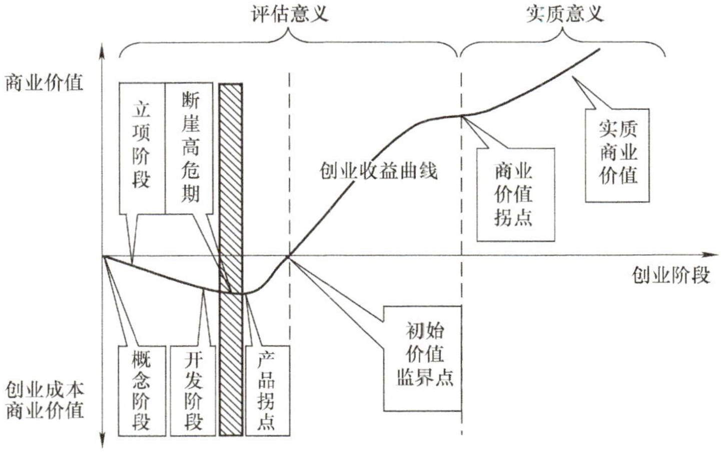

图 4-6 创业收益曲线

产品拐点出现后，创业成本虽然还在持续投入，但产品价值已经可以评估，并处于上升趋势，因此收益曲线开始上行，直到投入的成本与产品价值相当（收益为0），即到达初始价值临界点。

初始价值临界点在收益曲线上为0，表明投入成本已经可以收回，即如果开发阶段投入100万元，则表明在初始价值临界点上的价值评估不低于100万元。

收益曲线从初始价值临界点持续上行会到达商业价值拐点，这个阶段会非常顺利而快速。在此阶段，创业进程每推进一步，其商业价值的评估都有可能倍增。

在商业价值拐点之后，才到达实质性的商业价值阶段，在这个阶段中创业将迎来真正实质性的收益。在商业价值拐点之前，都是评估意义上的收益，其实还是在持续投入，而拐点之后，就可以转换为真正的商业收益了。

从广义的创业成功来讲，只要创业产品到达初始价值临界点，都不算失败，因为可以收回创业成本。但是，只有创业产品到达商业价值拐点，才算成功，因为这个点之后才有实质性的商业收益。而在初始价值临界点与商业价值拐点之间的部分称为创业议价区间。一方面创业者可以按一个合理的价格转让或卖掉创业产品，另一方面创业者也可以在这个区间与不同的外部投资者进行沟通谈判，奠定一个新的发展格局。当然，即使全部卖掉，这仍然可视为一次成功的创业。

【实践练习】

一、简答题

1. 请简述如何从市场趋势变化中识别创业机会。
2. 分析一个创业项目可能面临的财务风险，并说明应对措施。

二、案例分析题

阅读以下案例，回答问题。

案例：小明的智能健身镜创业项目

小明发现，随着人们对健康和健身的关注度不断提高，以及智能家居市场的兴起，智能健身设备有很大的发展潜力。他计划推出一款智能健身镜，用户可以通过镜子上的屏幕播放健身课程，镜子还带有动作识别功能，可以纠正用户的健身姿势。

1. 请从创业机会识别的角度分析小明的这个想法是否具有可行性。
2. 请剖析这个创业项目可能面临的风险。

第五章

大学生创新创业的主要竞赛

素养目标

1. 理解创新创业竞赛的内涵，塑造自身的创新创业意识。
2. 培养正确的价值观，为未来创业提供有价值的参考。
3. 增强社会责任感和国家使命感，成为有担当、有情怀的创业者。

学习目标

1. 了解大学生创新创业竞赛的内容和特点。
2. 了解中国国际大学生创新大赛、“挑战杯”中国大学生创业计划竞赛、“创青春”中国青年创新创业大赛的参赛要求和赛程、赛制。
3. 了解三大赛事的评审规则。

案例导读

2023年12月6日，复旦大学上海医学院2013级临床医学（五年制）本科毕业生王玉涛走上了中国国际大学生创新大赛（2023）的领奖台。他负责的本科生团队项目“循数医疗——临床专病自动化，单病种管理平台”斩获了决赛季军。从休学创业、公司推倒重建，到获得千万级别订单、站上创新大赛领奖台，王玉涛形容自己是“野生的力量”在医学的延长线上“莽”出了一条新路。他创立的“循数医疗”项目，以建立医疗数据库为中心，基于专病工作场景开发临床智能辅助工具，能减少医生在临床诊治中的机械劳动，也让患者获得更精准有效的答疑与诊疗，促进新医科从“循证”走向“循数”。“创新创业就是遭遇一个个未知，再逐个攻克。”回顾自己的创业历程，王玉涛说，“‘莽’是一种野生的力量，你坚信有前景，就能不顾一切往前冲。”

第一节　中国国际大学生创新大赛

一、大赛概述

中国国际大学生创新大赛由中华人民共和国教育部、中国共产党中央委员会统一战线工作部等12个部门共同主办，大赛以“我敢闯，我会创”为主题，为全国大学生综合类竞赛顶级赛事，被列入《全国普通高校大学生竞赛分析报告》竞赛目录。大赛旨在深化高等教育综合改革，培养学生创新精神、创业意识、创新创业能力，造就“大众创业、万众创新”的生力军；以创新引领创业、创业带动就业，推动高校毕业生更高质量创业就业。

大赛创办于2015年，2015—2019年共举办了五届中国“互联网+”大学生创新创业大赛，2020年第六届该赛事更名为中国国际“互联网+”大学生创新创业大赛，2023年又更名为中国国际大学生创新大赛。大赛已经成为高等教育领域落实立德树人根本任务、提高人才培养质量的重要举措，成为深化创新创业教育改革的重要载体和平台，成为展示新时代高等教育教学改革成果的重要窗口，成为世界大学生实现创新创业梦想的全球盛会。该赛事定位高，总书记亲自回信、总理亲自倡议、分管副总理亲自出席。2015 年第一届大赛有 20 万名大学生、3.6 万个项目参赛，2019 年第五届大赛有来自 124 个国家和地区、4000 所高校的 457 万名大学生、109 万个项目参赛。2024 年大赛共吸引了来自中外 153 个国家和地区、5406 所高校的 514 万个项目、2083.6 万人次学生报名参赛。截至 2024 年，该赛事已经成为中国高校规模最大、规格最高的创新创业大赛。

（一）大赛的总体目标

落实立德树人根本任务，传承和弘扬红色基因，聚焦“五育”融合创新创业教育实践，开启创新创业教育改革新征程，引导广大青年学生以大赛为平台，用在课堂和实验室学到的知识解决实际问题，在创新实践中增本领、长才干，在互学互鉴中增进中外青年的友谊，让广大青年在中国式现代化的广阔天地中更好展现才华。

（二）大赛的主要任务

1. 以赛促教，探索人才培养新途径

着力提高人才自主培养质效，强化高校课程思政建设，深入推进新工科、新医科、新农科、新文科建设，深化创新创业教育改革，推进“项目式”教学改革，引领各类学校人才培养范式深刻变革，形成新的人才培养质量观和质量标准，切实提高学生的创新精神、创新意识和创新能力。

2. 以赛促学，培养创新创业生力军

着力造就拔尖创新人才，激励广大青年弘扬科学精神，积极投身科技创新，扎根中国大地了解国情民情，在创新创业中增长智慧才干，怀抱梦想又脚踏实地，敢想敢为又善作善成，做有理想、敢担当、能吃苦、肯奋斗的新时代好青年。

3. 以赛促创，搭建产教融合新平台

着力提升高等教育与经济社会发展的适配度，推动成果转化和产学研用融合，促进教育链、人才链与产业链、创新链有机衔接，以创新引领创业、以创业带动就业，推动形成高校毕业生更高质量创业就业的新局面。

【小贴士】

创新是创业成功的秘诀

对于创业而言，机械奋斗是不够的，缺少创新的奋斗就像是没有领航员的赛车，终究难以成功抵达终点。作为大学生，或许你还没有准备好开创一份自己的事业，但你应该去试着创新。

技术创新突破飞天瓶颈。空中作业可以说是众多行业的一个痛点：安防行业的低空巡逻与监控电力行业的设备高空维护与巡检、消防行业的高空灭火与物资投递、城市内到手交付型空中物流配送、军用空中作战装备……传统的开放式螺旋桨无人机只能进行开阔空域的视频图像采集，无法完成高空接触性作业。为了解决复杂空间环境下的特种无人作业任务，改善高危险、高成本、低效率的行业痛点，徐彬创建了酷黑科技，研发了一款“飞天工兵”智能空中作业机器人，并以此获得了第四届中国“互联网＋”大学生创新创业大赛金奖。

不仅是比赛中的获奖作品，那些已经成功的知名企业也在不断创新。例如，青岛红领集团打破了“服装制造业就是低端行业”的成见，利用联网技术生产个性化定制产品，成为全球第一家完全实现西装100%工业化定制的公司，订单遍全球。BuzzFeed开创病毒式营销的机制，挖掘用户内心最深处的痛点和需求，其网站每天独立访问量超过2亿。

不管你有没有准备好创业，请试着去创新吧，我们很难成为第二个马云，但我们要努力成为那个独一无二、不可替代的自己。

（三）大赛内容

1）主体赛事。包括高教主赛道、“青年红色筑梦之旅”赛道、职教赛道、产业赛道和萌芽赛道。

2）“青年红色筑梦之旅”活动。

3）同期活动。即大赛优秀项目资源对接会、大学生创新成果展、世界大学生创新论坛等系列活动。

二、参赛项目要求

（一）总体要求

1）参赛项目能够紧密结合经济社会各领域现实需求，充分体现高校在新工科、新医科、新农科、新文科建设方面取得的成果，培育新产品、新服务、新业态、新模式，促进制造业、农业、卫生、能源、环保、战略性新兴产业等产业转型升级，促进人工智能、数字技术与教育、医疗、交通、金融、消费生活、文化传播等深度融合。

2）参赛项目应弘扬正能量，践行社会主义核心价值观，真实、健康、合法。不得含有任何违反《中华人民共和国宪法》及其他法律法规的内容。所涉及的发明创造、专利技术、资源等必须拥有清晰合法的知识产权或物权。参赛项目如有涉密内容，参赛前须进行脱敏处理。如有抄袭盗用他人成果、提供虚假材料等违反相关法律法规或违背大赛精神的行为，一经发现即刻丧失参赛资格、所获奖项等相关权利，并自负一切法律责任。

3）参赛项目只能选择一个符合要求的赛道报名参赛，根据参赛团队负责人的学籍或学历确定参赛团队所代表的参赛学校，且代表的参赛学校具有唯一性，在校生以在读学籍报名（以通知下发之日为准），毕业生以最高学历报名。参赛团队须在报名系统中将项目所涉及的材料按时如实填写提交。已获本大赛往年总决赛各赛道金奖和银奖的项目，不可报名参加今年大赛。

4）参赛人员（不含产业赛道参赛项目成员中的教师）年龄不超过35岁。

5）各省级教育行政部门及各有关学校要严格开展参赛项目审查工作，确保参赛项目的合规性和真实性。审查主要包括参赛资格以及项目所涉及的科技成果、知识产权、财务状况、运营、荣誉奖项等方面。其中，入围省赛的项目由各学校汇总后加盖公章报省级教育行政部门；入围总决赛的项目由各省级教育行政部门汇总后加盖公章报教育部高等教育司。

（二）主体赛事各赛道的具体要求

1. 高教主赛道

（1）参赛项目类别及类型　按照新工科、新医科、新农科、新文科、人工智能+、低空经济、生物技术、量子科技、新能源、新材料设置参赛项目类型。

（2）参赛方式和要求　本赛道以团队为单位报名参赛。允许跨校组建参赛团队，每个团队的成员不少于3人，不多于15人（含团队负责人），须为项目的实际核心成员。参赛团队所报参赛项目，须为本团队策划或经营的项目，不得借用他人项目参赛。按照参赛学校所在的国家和地区，分为中国大陆参赛项目、中国港澳台地区参赛项目、国际参赛项目三个类别。国际参赛项目和中国港澳台地区参赛项目可根据当地教育情况适当调整学籍和学历的相关参赛要求。

（3）参赛组别和对象　根据参赛申报人所处学习阶段，项目分为本科生组、研究生组。根据项目发展阶段，本科生组和研究生组均内设创意组、创业组。

2. “青年红色筑梦之旅”赛道

（1）“青年红色筑梦之旅”活动　“青年红色筑梦之旅”活动是中国国际大学生创新大赛的重要活动，旨在鼓励广大青年学生扎根中国大地了解国情民情，接受革命传统教育，用创新创业成果服务乡村振兴战略、助力精准扶贫脱贫，走好新时代青年的新长征路。2017年8月15日，习近平总书记给大赛“青年红色筑梦之旅”大学生回信，深切勉励青年学子把激昂的青春梦融入伟大的中国梦，扎根中国大地了解国情民情，在创新创业中增长智慧才干，在艰苦奋斗中锤炼意志品质，在亿万人民为实现中国梦而进行的伟大奋斗中实现人生价值，用青春书写无愧于时代、无愧于历史的华彩篇章。重要回信充分肯定了大学生服务革命老区、助力乡村脱贫致富奔小康和奋发有为的精神风貌，体现了以习近平同志为核心的党中央对青年一代的关心厚爱和殷切期望。

【小贴士】

中国国际大学生创新大赛参赛常见问题与解决方法

1）学信网上没有学籍学历信息，可以参加比赛吗？

答：不符合大赛的要求，无法参赛。

2）学校名称变更或就读于学校分校区的学生，学籍校验不通过，怎么办？

答：请联系各省（区、市）联系人，联系方式可见全国大学生创业服务网首页“大赛组委会联系方式”中的“各省联系方式”。

3）肄业/退学学生学籍学历校验不通过，怎么办？

答：提供之前就读学校的就读证明（证明该生曾在该校就读，提供姓名 + 身份证号）电子版，发送到指定的邮箱（通过大赛官方微信公众号进行咨询，获取该问题的咨询邮箱）。

4）外国学生学籍学历校验不通过，怎么办？

答：外国学生到国内留学的，如果在国内无学籍（以学信网的学籍学历信息为准），则无法参加国内比赛，可以报名大赛的国际赛道。

5）参赛项目只能限于“互联网 +”项目吗？

答：参赛项目不只限于“互联网 +”项目，鼓励各类创新创业项目根据行业背景选择相应类型。

6）在创建项目的时候没找到所在的学校怎么办？

答：此情况要告知学校老师，由学校告知所在省（区、市）联系人，各省（区、市）联系人统一联系大赛组委会，由大赛组委会一并处理。

7）项目创业计划书有格式要求吗？

答：创业计划书格式为 PDF 或 Word 文档，文件大小不超过 20MB，文件数量限 1 个。

（2）参赛方式和要求　参加“青年红色筑梦之旅”活动的项目，符合大赛参赛要求的，可自主选择参加“青年红色筑梦之旅”赛道。

参加“青年红色筑梦之旅”赛道的项目应符合大赛参赛项目要求，同时在推进农业农村、城乡社区经济社会发展等方面有创新性、实效性和可持续性。以团队为单位报名参赛。允许跨校组建团队，每个团队的参赛成员不少于3人，不多于15人（含团队负责人），须为项目的实际核心成员。参赛团队所报参赛创业项目，须为本团队策划或经营的项目，不得借用他人项目参赛。参赛申报人须为项目负责人，须为普通高等学校全日制在校生（包括本专科生、研究生，不含在职教育），或毕业5年以内的全日制学生，以及国家开放大学学生（仅限学历教育）。企业法定代表人在大赛通知发布之日后进行变更的不予认可。

（3）参赛组别和对象　参加“青年红色筑梦之旅”赛道的项目，须为参加“青年红色筑梦之旅”活动的项目。根据项目性质和特点，分为公益组、创意组和创业组。

3. 职教赛道

（1）参赛项目要求　具有明确的技术、工艺或商业模式创新，突出商业运营潜力或实效，体现敬业、精益、专注、创新等工匠精神内涵的项目。

（2）参赛方式和要求　职业学校（包括职业教育各层次学历教育，不含在职教育）、国家开放大学学生（仅限学历教育）可以报名参赛。大赛以团队为单位报名参赛。允许跨校组建团队，每个团队的参赛成员不少于3人，不多于15人（含团队负责人），须为项目的实际核心成员。参赛团队所报参赛创业项目，须为本团队策划或经营的项目，不得借用他人项目参赛。

（3）参赛组别　分为创意组与创业组。

4. 产业赛道

（1）参赛项目类型

1）企业命题组。针对企业开放创新需求，面向产业代表性企业、行业龙头企业、专精特新企业、新型研发机构等征集命题。企业命题应聚焦国家战略性新兴产业方向，倡导新技术、新产品、新业态、新模式。围绕新工科、新医科、新农科、新文科对应的产业和行业领域，基于企业发展真实需求进行申报。

2）成果转化组。聚焦高校科研成果转化应用与市场化推广，围绕核心技术专利转化、实验室成果产业化、产业链协同创新等方向，深化产教融合，促进创新链与产业链深度融合，推动更多高校科技创新成果转化落地，形成现实生产力的项目。

（2）参赛方式和要求　以团队为单位报名参赛，每支参赛团队只能选择一题参加比赛，允许跨校组建、师生共同组建参赛团队，每个团队的成员不少于3人，不多于15人（含团队负责人），须为揭榜答题的实际核心成员。项目负责人须为普通高等学校全日制在校生（包括本专科生、研究生，不含在职教育），或毕业5年以内的全日制学生。参赛项目中的教师须为高校教师。参赛团队所提交的命题对策须符合企业命题要求，命题企业将对命题对策进行契合度审核评价。

5. 萌芽赛道

（1）参赛对象　普通高级中学在校学生。参赛学生须为项目的实际成员，鼓励学生以团队为单位参加（团队成员不超过15人），允许跨校组建团队。

（2）参赛项目要求　项目应紧密融合学习、生活、社会实践，鼓励运用人工智能等技术创造性地解决问题或提供解决思路，具有可预见的应用性与成长性，可以是教育部公布的面向中小学生的全国性竞赛活动名单中学生赛事获奖项目或作品。项目须真实、健康、合法，无任何不良信息，不得借用他人项目参赛。项目立意应弘扬正能量，践行社会主义核心价值观。

三、赛制与赛程

（一）比赛赛制

1）大赛主要采用校级初赛、省级复赛、总决赛三级赛制（不含萌芽赛道以及国际参赛项目）。校级初赛由各院校负责组织，省级复赛由各地负责组织，总决赛由各地按照大赛组委会确定的配额择优遴选推荐项目。大赛组委会将综合考虑各地报名团队数（含邀请国际参赛项目数）、参赛院校数、往年获奖项目情况和创新教育工作情况等因素分配总决赛名额。

2）以 2025 年为例，大赛共产生 4720 个项目入围总决赛（港澳台地区参赛名额单列），其中高教主赛道 2570 个（国内项目 2070 个、国际项目 500 个）、“青年红色筑梦之旅”赛道 650 个、职教赛道 650 个、产业赛道 650 个、萌芽赛道 200 个。

3）高教主赛道每所高校入选总决赛项目不超过 5 个，“青年红色筑梦之旅”赛道每所院校入选总决赛项目不超过 3 个，职教赛道每所院校入选总决赛项目不超过 3 个，产业赛道每所院校入选总决赛项目不超过 5 个，萌芽赛道每所学校入选总决赛项目不超过 2 个。

（二）比赛赛程

1）参赛报名（一般在每年的 4—7 月）。参赛团队通过登录全国大学生创业服务网（网址 https：//cy. ncss. cn）进行报名，在“资料下载”版块可下载学生操作手册指导报名参赛。通过微信公众号（名称为“全国大学生创业服务网”或“中国国际大学生创新大赛”）进行赛事咨询。

2）初赛复赛（一般在每年的 5—8 月）。各地各学校登录 https：//cy. ncss. cn/gl/login 进行大赛管理和信息查看。省级管理用户使用大赛组委会统一分配的账号进行登录，校级账号由各省级管理用户进行管理。校级初赛和省级复赛的比赛环节、评审方式等由各校、各地组织实施。在完成省级复赛后推荐入围总决赛的项目。

3）总决赛（一般在每年的 9—10 月）。大赛设金奖、银奖、铜奖，另设省市组织奖、高校集体奖。入围总决赛的项目将通过评审，择优进入总决赛现场比赛，决出各类奖项。大赛组委会通过全国大学生创业服务网、国家大学生就业服务平台（https：//www. ncss. cn）为参赛团队提供项目展示、创业指导、人才招聘、资源对接等服务，各项目团队可登录上述网站查看相关信息，各地各校可充分利用网站资源，为参赛团队做好服务。

四、评审与奖项

（一）评审规则

中国国际大学生创新大赛根据不同赛道和组别制定对应的评审规则，以下展示中国国际大学生创新大赛（2025）高教主赛道创意组和创业组的评审规则，其余赛道和组别的评审规则可到大赛官方网站下载查询。

1. 高教主赛道创意组项目评审要点（见表 5-1）

表 5-1 高教主赛道创意组项目评审要点

评审要点	评审内容	分值
个人成长	1. 立德树人。项目弘扬正确价值观，厚植家国情怀，恪守伦理规范，有助于培育创新精神 2. 调研深入。项目扎根中国大地了解国情民情，鼓励学生深入社会、行业、实验场所选题立项、调查研究、试验论证 3. 逻辑正确。项目符合将专业知识与商业知识有效结合并转化为商业价值或社会价值的创新创业基本过程和基本逻辑，展现创新教育对大学生基本素养和认知的塑造力 4. 知识掌握与应用能力。体现对创新创业所需知识（专业知识、商业知识、行业知识等）与技能（计划、组织、领导、控制、创新等）的娴熟掌握；体现用课堂和实验室学到的知识解决实际问题的综合能力和高级思维；体现项目成长对团队成员创新精神、创新意识、创新能力的锻炼和提升作用，展现创新教育提升大学生综合能力的效力 5. 人才培养成效。项目能充分体现院校扎实推进新工科、新医科、新农科、新文科建设方面取得的成果；体现院校在项目的培育、孵化等方面的支持情况；体现产教融合、科教融汇、多学科交叉、专创融合、产学研协同创新等模式在项目的产生与执行中的重要作用	30

（续）

评审要点	评审内容	分值
项目创新	1. 问题导向。项目遵循从创意到研发、试制、生产、进入市场的创新一般过程，进而实现从创意向实践、从基础研发向应用研发的跨越 2. 目标导向。团队能够基于学科专业知识并运用各类创新的理念和范式，解决社会和市场的实际需求 3. 创新成效。项目能够从产品创新、工艺流程创新、服务创新、商业模式创新等方面着手开展创新创业实践，并产生一定数量和质量的创新成果以体现团队的创新能力	30
产业价值	1. 产业认知。对所在产业（行业）的产业规模、增长速度、竞争格局、产业趋势、产业政策等情况充分了解，形成完备、深刻的产业认知 2. 市场定位。项目具有明确的目标市场定位，对目标市场的特征、需求等情况有清晰的了解，并据此制定合理的营销、运营、财务等计划，设计出完整、创新、可行的商业模式，展现团队的商业思维 3. 落地前景。项目落地执行情况；对促进区域经济发展、产业转型升级的情况；已有盈利能力或盈利潜力情况；项目是否具备国际化发展的潜力 4. 社会影响。项目直接或间接带动就业的数量和质量，对社会文明、生态文明、民生福祉等方面的积极推动作用	25
团队协作	1. 团队精神。团队具有明确的使命愿景，具有团结协作的创新精神，具有支撑项目成长的知识、技术和经验 2. 团队结构。团队的组织构架、人员配置、分工协作、能力结构、专业结构、合作机制、激励制度等的合理性情况。鼓励留学生参与，促进中外合作交流 3. 团队效能。团队与项目关系的真实性、紧密性情况；对项目的各项投入情况；创立创业企业的可能性情况 4. 团队资源。支撑项目发展的合作伙伴等外部资源的使用以及与项目关系的情况	15

2. 高教主赛道创业组项目评审要点（见表 5-2）

表 5-2　高教主赛道创业组项目评审要点

评审要点	评审内容	分值
个人成长	1. 立德树人。项目弘扬正确价值观，厚植家国情怀，恪守伦理规范，有助于培育创新精神 2. 调研深入。项目扎根中国大地了解国情民情，鼓励学生深入社会、行业、实验场所选题立项、调查研究、试验论证 3. 逻辑正确。项目符合将专业知识与商业知识有效结合并转化为商业价值或社会价值的创新创业基本过程和基本逻辑，展现创新教育对大学生基本素养和认知的塑造力 4. 知识掌握与应用能力。体现对创新创业所需知识（专业知识、商业知识、行业知识等）与技能（计划、组织、领导、控制、创新等）的娴熟掌握；体现用课堂和实验室学到的知识解决实际问题的综合能力和高级思维；体现项目成长对团队成员创新精神、创新意识、创新能力的锻炼和提升作用，展现创新教育提升大学生综合能力的效力 5. 人才培养成效。项目能充分体现院校扎实推进新工科、新医科、新农科、新文科建设方面取得的成果；体现院校在项目的培育、孵化等方面的支持情况；体现产教融合、科教融汇、多学科交叉、专创融合、产学研协同创新等模式在项目的产生与执行中的重要作用	25
项目创新	1. 问题导向。项目遵循从创意到研发、试制、生产、进入市场的创新一般过程，进而实现从创意向实践、从基础研发向应用研发的跨越 2. 目标导向。团队能够基于专业知识并运用各类创新的理念和范式，解决社会和市场的实际需求 3. 创新成效。项目能够从产品创新、工艺流程创新、服务创新、商业模式创新等方面着手开展创新实践，产生一定数量和质量的创新成果，获得相应的市场回报 4. 发展前景。项目能够从创新战略、创新流程、创新组织、创新制度与文化等方面进行设计协同，对创新进行有效管理，进而保持公司的竞争力	30

（续）

评审要点	评审内容	分值
产业价值	1. 产业发展。充分掌握所在产业（行业）的产业规模、增长速度、竞争格局、产业趋势、产业政策等情况；具有明确的目标市场定位，充分掌握目标市场的特征、需求等情况；具有完整、创新、可行的商业模式 2. 经营绩效。重点考察项目存续时间、营业收入（合同订单）现状、企业利润、持续盈利能力、市场份额、客户（用户）情况、税收上缴、投入与产出比等情况 3. 经营管理。项目是否有清晰的企业发展目标；是否有完备的研发、生产、运营、营销等制度和体系；是否采用先进、科学的管理方法，以确保企业具有较强的竞争力 4. 成长前景。项目是否有清晰、有效、全方位的企业发展战略，并拥有可靠的内外部资源（人才、资金、技术等方面）实现企业战略，以建立企业的持续竞争优势。项目是否具备国际化发展的潜力 5. 财务管理。关注项目融资情况、获取资金渠道情况、企业经营的现金流情况、融资需求及资金使用情况是否合理 6. 社会影响。项目直接或间接带动就业的数量和质量，对促进区域经济发展、产业转型升级的情况，对社会文明、生态文明、民生福祉等方面的积极推动作用	30
团队协作	1. 团队精神。团队是否有明确的使命愿景，具有团结协作的创新精神，具有独特的支撑项目成长的知识、技能、经验以及成熟的外部资源网络 2. 团队结构。公司是否具有合理的组织构架、清晰的指挥链、科学的决策机制；是否有合理的岗位设置、分工协作、专业能力结构；是否有良好的内部沟通机制；是否有合理的股权结构、激励制度等；鼓励留学生参与，促进中外合作交流 3. 团队效能。团队对项目的各项投入情况及团队成员的稳定性情况 4. 团队资源。支撑公司发展的合作伙伴等外部资源的使用以及与公司关系的情况	15

（二）奖项设置

校级初赛、省级复赛的奖项由各校各地自行确定，全国总决赛奖项按各赛道分设，下面以 2025 年的赛事为例介绍奖项设置情况。

1）高教主赛道：设置金奖、银奖和铜奖，中国大陆参赛项目设金奖 230 个、银奖 460 个、铜奖 1380 个，中国港澳台地区参赛项目设金奖 10 个、银奖 20 个、铜奖另定，国际参赛项目设金奖 50 个、银奖 100 个、铜奖 350 个。

2）“青年红色筑梦之旅”赛道：设置金奖 70 个、银奖 140 个、铜奖 440 个。

3）职教赛道：设置金奖 70 个、银奖 140 个、铜奖 440 个。

4）产业赛道：设置金奖 70 个、银奖 140 个、铜奖 440 个。

5）萌芽赛道：设置创新潜力奖 20 个。入围总决赛但未获创新潜力奖的项目，发放“入围总决赛”证书。

6）大赛设优秀组织奖和高校集体奖。

历届赛事的获奖情况见表 5-3，可以看出其覆盖面极广，从参赛学校、参赛团队、参赛人数、奖牌数量上，均呈现规模持续扩大的趋势。

表 5-3　大赛历年参赛数据

届数	年份	参赛学校/所	参赛团队/万个	参赛人数/万名	奖牌数量/个
第一届	2015 年	1878	5.7	20	金 34、银 82、铜 184
第二届	2016 年	2110	12	55	金 36、银 115、铜 448
第三届	2017 年	2300	37	150	金 43、银 123、铜 481
第四届	2018 年	2600	64	265	金 76、银 100、铜 450
第五届	2019 年	4000	109	457	金 117、银 286、铜 921
第六届	2020 年	2988	147	630	金 152、银 333、铜 1027
第七届	2021 年	4347	228	956	金 338、银 714、铜 2160
第八届	2022 年	4554	340	1450	金 364、银 730、铜 2298
2023	2023 年	5296	421	1709	金 414、银 1108、铜 2756
2024	2024 年	5406	514	2083.6	金 466、银 1362、铜 2821

注：从 2023 年起，大赛更名为中国国际大学生创新大赛（2023），2024 年的赛事称为中国国际大学生创新大赛（2024）。

【案例 5-1】

Insta360 & 宇树科技——从中国国际大学生创新大赛金奖到行业巨头

在中国国际大学生创新大赛的舞台上，有两个硬核科技项目，正书写着从创赛到落地的传奇。第二届金奖项目“Insta360 全景相机”重新定义了全景影像边界。第七届金奖项目“宇树科技——引领全球四足机器人市场化”开启了四足机器人平民化时代。这两个从大赛中走出的项目，正以势不可挡之势在全球掀起“中国智造”的旋风。它们用实力证明，中国国际大学生创新大赛从来不是一场简单的比赛，而是能助力新兴产业培育的创新沃土。

Insta360 全景相机：金奖项目引领行业潮流

在 2016 年第二届中国国际大学生创新大赛中，由 90 后团队打造的“Insta360 全景相机”项目斩获金奖和全国亚军，展现出颠覆性潜力。该项目凭借自主研发的图像拼接算法和超薄机身设计，突破了传统全景设备笨重复杂的局限。其产品 Insta360 Pro 凭借便捷操作和高效性能，迅速成为影视制作、赛事直播、VR 看房和新闻报道等领域的专业工具，用户可通过手机 APP 轻松剪辑并导出任意视角，甚至实现“隐形自拍杆”的创意功能。

如今，Insta360 已成长为全球全景影像领域的领军品牌，产品覆盖全球 210 多个国家和地区，并与谷歌、苹果等知名品牌展开深度合作，持续提升品牌影响力。其产品广泛应用于 VR 内容创作、商业摄影和视频会议等领域，成为用户记录生活、分享创意的重要工具。2020 年，Insta360 完成数千万美元 D 轮融资，成功实现从校园创意到行业巨头的落地。

宇树科技：让机器人走进千家万户

宇树科技在第七届中国国际大学生创新大赛中凭借“宇树科技——引领全球四足机器人市场化”项目斩获金奖。该项目专注于高性能四足机器人和人形机器人的研发与销售，凭借其全栈自研的技术闭环和持续创新的产品迭代能力，成为全球四足机器人市场的领军企业。其产品从 Laikago 到 Unitree Go2 不断迭代升级，推动了四足机器人从实验室走向市场的进程。

如今，宇树科技已成为全球四足机器人市场的龙头企业。2023 年，其在全球四足机器人市场中，销量份额达 69.75%，市场规模份额为 40.65%。其产品不仅在科研领域广泛应用，还在工业巡检、物流配送和教育娱乐等多场景落地。明星产品 Unitree Go1 凭借“年轻人的第一台机械狗”概念引爆市场，不仅登上春晚舞台，还在工业巡检、应急救援等领域实现应用。2023 年双十一期间，单日销售额突破千万元，以实际行动诠释了“让机器人服务每个人”的初心。

两届中国国际大学生创新大赛的“明星项目”如今已成长为行业标杆，其成功并非偶然。大赛以“我敢闯，我会创”为主题，紧扣经济社会现实需求，推动人工智能、数字技术与传统产业深度融合。据统计，前七届大赛累计吸引 603 万个项目团队、2533 万名大学生参赛，展现了中国青年的创新创业热情，汇聚了大量前沿科技项目。这些项目不仅彰显了高校的科研实力，更通过大赛平台与产业界对接，加速了技术的商业化进程。

Insta360 与宇树科技正是通过中国国际大学生创新大赛获得技术验证、资源对接及媒体曝光，快速完成产品迭代与商业布局。它们的成功证明了中国国际大学生创新大赛不仅是创新创业的孵化器，更是推动科技成果转化的重要平台。当 Insta360 的镜头记录下人类探索的每一个角落，当宇树机器人在工业现场与家庭场景自由穿梭，我们看到的不仅是技术的进步，更是创新创业精神的胜利。下一个改变世界的项目，或许就诞生在某个高校的实验室里，而中国国际大学生创新大赛永远为梦想提供放飞的舞台。

【实践练习】

登录中国国际大学生创新大赛官网（全国大学生创业服务网）或者查阅相关创新创业大赛网页，总结归纳出创新创业大赛相较学科技能大赛或职业技能大赛具有什么鲜明特色，并与老师同学分享。

第二节 “挑战杯”中国大学生创业计划竞赛

一、大赛概述

“挑战杯”中国大学生创业计划竞赛是由共青团中央、教育部、人力资源和社会保障部、中国科协、全国学联和省级人民政府主办的一项具有导向性、示范性、实践性和群众性的创业交流活动，每两年举办一届。大赛自 1999 年举办以来，规模不断扩大。2024 年的第 14 届大赛约有 300 万大学生参赛，共吸引来自 60 余个国家、2700 余所高校的 39 万余个创新创业项目。大赛促进了高校学生就业创业教育的蓬勃开展，并激励一代代大学生培养创新思维和创业潜质。

（一）大赛目的

为深入学习贯彻习近平新时代中国特色社会主义思想，聚焦为党育人功能，从实践教育角度出发，引导和激励学生弘扬时代精神，把握时代脉搏，通过开展广泛的社会实践、深刻的社会观察，不断增强对国情社情的了解，将所学知识与经济社会发展紧密结合，提高创新、创意、创造、创业的意识和能力，提升社会化能力，为建设社会主义现代化强国、实现中华民族伟大复兴的中国梦贡献青春力量。

（二）大赛内容

根据参赛对象，分为普通高校、职业院校两类。设科技创新和未来产业、乡村振兴和农业农村现代化、社会治理和公共服务、生态环保和可持续发展、文化创意和区域合作五个组别。

（三）大赛方式

大赛分校级初赛、省级复赛、全国决赛。校级初赛由各校组织，广泛发动学生参与，遴选参加省级复赛项目。省级复赛由各省（自治区、直辖市）组织，遴选参加全国决赛项目。全国决赛由全国组委会聘请专家根据项目社会价值、实践过程、创新意义、发展前景和团队协作等综合评定金奖、银奖、铜奖等项目。大赛期间组织参赛项目参与交流展示活动。

【小贴士】

你知道“大挑”和“小挑”吗？

“挑战杯”全国大学生系列科技学术竞赛包括两个并列项目，其中之一是“挑战杯”中国大学生创业计划竞赛，另一个赛项是“挑战杯”全国大学生课外学术科技作品竞赛。前者简称“小挑”，后者简称“大挑”。大挑注重学术科技发明创作带来的实际意义和特点，而小挑更注重市场与技术服务的完美结合，追求科技的商业化。所以，“挑战杯”中国大学生创业计划竞赛又被称为“商业计划竞赛”，其核心在于根据当前市场的需求，提出具有市场前景的产品或服务，同时撰写一份完整、具体、深入的计划书来赢得投资方的信赖。

二、参赛资格与参赛项目要求

1）正式注册的全日制非成人教育的各类普通高等学校在校专科生、本科生、硕士研究生（不含在职研究生）可参加。硕博连读生、直接攻读博士生若在举办竞赛决赛的当年 6 月 1 日前未通过博士资格考试的，可以按硕士研究生学历申报作品；没有实行资格考试制度的学校，前两年可以按硕士研究生学历申报作品；本硕博连读生，按照四年、二年分别对应本、硕申报。博士研究生仅可作为项目团队成员参赛（不作为项目负责人）且人数不超过团队成员数量的 30%。职业院校学生是指在举办竞赛决赛的当年 6 月 1 日以前正式注册的全日制职业教育本科、高职高专和中职中专在校学生。

2）参赛项目应有较高立意，积极践行社会主义核心价值观。应符合国家相关法律法规规定和政策导向。应为参赛团队真实项目，不得侵犯他人知识产权，不得借用他人项目参赛；存在剽窃、盗用、提供虚假材料或违反相关法律法规的，一经发现将取消参赛相关权利并自负一切法律责任。已获往届“挑战杯”中国大学生创业计划竞赛、“创青春”全国大学生创业大赛和“挑战杯——彩虹人生”全国职业学校创新创效创业大赛全国金奖（特等奖）、银奖（一等奖）的项目，不可重复报名。

3）按普通高校和职业院校分类申报参赛项目，每所学校限参加一类。聚焦创新、协调、绿色、开放、共享五大发展理念，设五个组别。

① 科技创新和未来产业：围绕创新驱动发展战略，推动数字经济健康发展，在智能制造、信息技术、大数据、人工智能、生命科学、新材料、军民融合等领域，结合实践观察设计项目。

② 乡村振兴和农业农村现代化：围绕实施乡村振兴战略，在农林牧渔、电子商务、乡村旅游、城乡融合等领域，结合实践观察设计项目。

③ 社会治理和公共服务：围绕国家治理体系和治理能力现代化建设，在政务服务、消费生活、公共卫生与医疗服务、金融与财经法务、教育培训、交通物流、人力资源等领域，结合实践观察设计项目。

④ 生态环保和可持续发展：围绕可持续发展战略和碳达峰碳中和目标，在环境治理、可持续资源开发、生态环保、清洁能源应用等领域，结合实践观察设计项目。

⑤ 文化创意和区域合作：突出共融、共享，紧密围绕“一带一路”和京津冀、长三角、粤港澳大湾区以及成渝地区双城经济圈、长江中游城市群等区域合作，在工业设计、动漫广告、体育竞技和国际文化传播、对外交流培训、对外经贸等领域，结合实践观察设计项目。

三、赛程与赛制

以学校为单位统一申报，以项目团队形式参赛，每个团队人数原则上不超过 10 人，每个项目指导教师原则上不超过 3 人。对于跨校组队参赛的项目，各成员须事先协商明确项目的申报单位，各省级组织协调委员会最终明确项目的申报单位。全国决赛报名截止后，只可进行人员删减，不可进行人员顺序调整及人员添加。

参赛项目涉及知识产权的，在报名时须提交具有法律效力的发明创造或专利技术所有人的书面授权许可、项目鉴定证书和专利证书等。

对于已工商注册的项目，在报名时可提交相关证明材料（含单位概况、法定代表人情况、营业执照复印件、税务登记证复印件、组织机构代码复印件和股权结构等材料）。已工商注册项目的负责人须为企业法人代表。企业法人代表在通知发布之日后进行变更的不予认可。

参赛项目可提供项目实践成效和预期成效等其他相关材料（包括项目的社会效益、经济效益、带动就业情况等）。

参赛项目涉及动植物新品种的发现或培育、国家保护动植物的研究、新药物等的研究时，申报者可根据实际情况提供有关证明材料。

每个学校通过省级复赛推荐入选全国决赛的项目总数不超过 6 个。其中，每个组别至多 2 个；每人（每个团队）限报 1 个；每个参赛项目只可选择参加一个组别，不得兼报。参赛项目须经过本省（自治区、直辖市）组织协调委员会进行资格及形式审查和本省（自治区、直辖市）评审委员会评定，方可上报全国组委会。各省（自治区、直辖市）选送全国决赛的项目数额由全国组委会统一确定。

全国组委会通过赛事相关活动遴选若干优秀项目，经全国评审委员会评定，给予直接进入全国决赛机会（不占每校 6 个项目名额）。

【小贴士】

“挑战杯”中国大学生创业计划竞赛备赛建议

1）组队。利用校园墙、社团和老师等渠道去寻找志同道合的队友。在招募队员时应注明团队需要的专业，以便更快地找到适配的队员。更为重要的是找到一个合适的指导老师。指导老师拥有更多的信息和经验，能在选题上指引团队方向，在计划书和 PPT 的准备上提供专业建议。

2）选题。选题应当切中肯綮。在深度挖掘当下市场痛点、社会问题、当下政治导向后将锚点定位到一个兼具市场性和社会意义的蓝海领域。同时，创新现实性、可实施性也必不可少，因此可以组织团队进行市场调研、企业合作等多种形式的实践探索。除此之外，专利、报告、合同、论文等材料也会使项目在比赛中更具竞争优势。

3）计划书八要素。计划书的写作至少应包含以下内容：项目概述（执行总结）、项目背景（市场背景、政策背景、竞品分析等）、产品与服务、商业模式（盈利模式、营销模式等）、管理机制（团队简介）、资金规划（财务分析）、风险分析、附录。

4）调研报告。制作 PPT 时，控制页面数量，精炼页面内容。需要特别注意的是，对关键词和短语可以字体加粗或替换颜色来突出其重要性。在排版方面，要图文结合，确保内容的呈现直观易懂，务必确保设计美观、简洁明了。修改报告时应反复推敲，尊重数据，不断优化提升。

5）模拟路演。进行模拟路演和答辩，提高现场表现能力和应变能力。

四、评审与奖励

（一）评审要点

书面评审将主要侧重于以下方面：

1）创业机会：项目的产业背景和市场竞争环境；项目的市场机会和有效的市场需求、所面对的目标顾客；项目的独创性、领先性以及实现产业化的途径等。

2）发展战略：项目的商业模式、研发方向、扩张策略，主要合作伙伴与竞争对手等；面临的技术、市场、财务等关键问题，提出合理可行的规避计划。

3）营销策略：结合项目特点制定合适的市场营销策略，包括对自身产品、技术或服务的价格定位、渠道建设和推广策略等。

4）财务管理：股本结构与规模、资金来源与运用；盈利能力分析；风险资金退出策略等。

5）管理团队：管理团队各成员有关的教育和工作背景、成员的分工和互补；公司的组织构架以及领导层成员；创业顾问，主要投资人和持股情况。

在项目展示环节将主要侧重于表5-4中的各方面。

表5-4　“挑战杯”中国大学生创业计划竞赛项目展示环节评审要点

评审要点	主要内容
社会价值	项目结合社会实践、社会观察履行社会责任的做法与成效。在科技创新、扶贫助困、社会民生、生态环保、交流合作等方面的社会贡献度。未来持续吸纳、带动就业的能力等
实践过程	项目通过深入社会、行业、实验场所、实训基地开展调查研究、试点运营、试验论证，获得实践成果。项目成果对于了解社会现状、掌握第一手资料、解决社会问题等具有参考价值
创新意义	项目在科学技术、社会服务形式、商业模式、管理运营、应用场景等方面的创新程度。创新成果对于赋能传统产业，解决社会问题，助力形成新产业、新业态、新模式等方面有积极意义
发展前景	项目在商业模式、营销策略、财务管理、发展战略等方面设计完整、合理、可行。目标定位、市场分析清晰、有前瞻性。盈利能力推导过程合理，能够实现可持续发展、前景乐观
团队协作	团队成员了解社会现状、关注社会民生，具备一定解决社会问题的能力和水平。团队成员的专业背景、创业意识、创业素质、价值观念与项目需求相匹配。团队组织架构与分工合理，凝聚力、执行力、整体竞争力强

（二）竞赛奖励

大赛设金奖、银奖、铜奖，分别约占全国决赛获奖项目的10%、20%、70%。全国组委会可视各省（自治区、直辖市）、各学校、学生参与情况，设置组委会活动单项奖。

大赛设学校集体奖，以学校为单位计算参赛得分并排序评选。金奖项目每个计100分，银奖项目每个计70分，铜奖项目每个计30分。每校取获得奖次最高的6个项目计算总积分，如遇总积分相等，则以获金奖的个数决定同一名次内的排序，以此类推至铜奖。如总积分、获奖情况完全相同，由全国组委会综合考虑予以最终评定。

大赛设省级团委优秀组织奖，综合省内学校组织动员情况、获奖情况、活动组织参与情况等评定。

大赛设学校优秀组织奖，综合各校项目获奖情况、校赛组织情况、活动参与情况等评定。

全国组委会将在大赛举办期间组织多种形式的导师指导、项目培训、交流展示、资源对接、孵化培育等活动。全国组委会根据实际情况可结集出版大赛获奖项目。

【小贴士】

投资人投什么？大学生得什么？

在大赛的舞台上，多数投资人考虑的是创新创业项目是否有独特的创意与技术、是否有完备的商业模式、其市场逻辑是否合理，最终回归到“究竟能不能赚钱”的问题上。而不少大学生会考虑获得关注度、奖项融资、流量和历练等，最终回归到“我是否成功”的本质。

但是，投资机构面对一群参赛大学生时，主要是看他们是否具备企业家潜质，认为大学生从大赛中最应该获得的正是企业家精神。企业家精神是企业家特殊技能（包括精神和技巧）的集合，凝聚了敢于冒险、激情创新、责任担当等精神与素质。这要求创业者要在机会来临时立即行动、敢为人先，不断在产品、管理、技术等方面实现新突破，开拓新市场，用坚定的创业信念实现新价值。

因此，投资机构更愿意投资那些具备企业家精神的大学生创业者和团队。当然，也有不少投资机构或投资人参与大赛的初心不是来获取投资机会，而是希望能够给大学生带来些什么，关注的是大学生能够得到什么。企业家精神是大学生成功创业的宝贵资源，即便未来不创业，对他们个人职业生涯的成长与发展也是至关重要的。因此，大赛集聚了大量的投资大咖、经验丰富的创业导师和具有实战经验的企业家，他们能够为大学生提供切实可行的指导和学习借鉴的榜样，帮助其积累创新创业经验、培养创新创业思维，更重要的是告诉大学生如何成为一名优秀的企业家，使他们通过大赛真正理解、学习并践行企业家精神，寻找自己存在的意义。

【实践练习】

登录“挑战杯”官网（https：//www. tiaozhanbei. net），了解“挑战杯”中国大学生创业计划竞赛的相关内容和参赛方法，提前做好参赛准备。

第三节　“创青春”中国青年创新创业大赛

一、大赛概述

“创青春”中国青年创新创业大赛是由共青团中央联合相关部委及省级人民政府共同主办，面向广大青年创业者开展的一项具有导向性、示范性和群众性的大赛，自 2014 年起已连续举办 11 届，累计吸引了 200 余万名创业青年参与，已经成为深受青年欢迎、服务青年发展、具有较大社会影响的青年创业示范项目。

（一）大赛宗旨

深入学习贯彻习近平新时代中国特色社会主义思想，围绕立足新发展阶段、贯彻新发展理念、构建新发展格局，引领广大青年为落实“十四五”规划和 2035 年远景目标努力奋斗，搭建支持青年创新创业的展示交流、导师辅导、投融资对接、项目孵化等服务平台，建设创业导师、创投机构、创业园区、创业孵化器、青年创业者等服务联盟，促进广大青年弘扬创业精神、培养创业意识、提升创业能力、提高创业成功率，组织动员广大青年走在“大众创业、万众创新”前列，在全面建设社会主义现代化国家进程中健康成长、建功立业。

（二）大赛内容

大赛聚焦科技创新、乡村振兴、数字经济、社会企业等 4 个领域举办专项赛，举办卫生健康、税收工作等专项领域创新创业活动。

【小贴士】

“创青春”中国青年创新创业大赛的 4 个专项赛

科技创新专项：重点关注“十四五”规划明确鼓励发展的重点方向，尤其是人工智能、量子信息、集成电路、生命健康、脑科学、生物制造、空天科技、深地深海等领域具有前瞻性、战略性的项目。

乡村振兴专项：重点关注粮食增产提质、种业振兴先进种植养殖技术、农产品加工及流通农业社会化服务、农村电商、乡村休闲旅游等领域相关产业，尤其是在巩固拓展脱贫攻坚成果、助力乡村振兴等方面模式成熟的项目。

数字经济专项：重点关注互联网、大数据、云计算、区块链技术、元宇宙等推动数字经济和实体经济深度融合、运用数字经济手段改造发展传统行业的项目。

社会企业专项：重点关注以协助解决社会问题、改善社会治理、服务特定群体或社区利益为宗旨和首要目标，以创新商业模式、市场化运作为主要手段，所得部分盈利按照其社会目标再投入自身业务、所在社区或公益事业，且社会目标持续稳定的项目。

二、参赛项目要求

参赛项目须符合国家法律法规和国家产业政策；不得侵犯他人知识产权；具有良好的经济效益、社会效益，经营规范，社会信誉良好；具有较大投资价值的独特产品、技术或者商业模式。

参赛人员须为年龄在 40 周岁（含）以下的中国公民；团队参赛项目，总人数不多于 5 人。

根据参赛项目所处的创业阶段及创办年限（以在市场监督管理部门登记注册时间为准）不同，一般划分为创新组、初创组、成长组。创新组指未进行登记注册，尚处于商业计划书阶段的创业项目；初创组指登记注册时间不超过 2 年（含）的创业项目；成长组指登记注册时间在 2～5 年（含）之间的创业项目。

参赛项目根据自身情况，可以参加不同届次的比赛，或者在同一届次比赛中参加多个专项赛；但在任一专项赛中，只能根据规定的分组条件选择组别参赛，不得在多个组别中重复参赛。

三、赛程与赛制

（一）大赛赛程

大赛面向社会公开征集优秀创业项目，接受自主报名和各级团组织、社会机构推荐。参赛项目必须在报名时间内登录大赛官网注册报名。报名项目经专项赛组织委员会进行资格审查、初步评定后方可入围参赛。大赛原则上分为初赛、半决赛和决赛等环节。评审委员依据评审标准，根据项目情况，评定获奖项目，确定获奖等次，经评审委员会审核给予相应奖励。在参赛项目中，遴选设立创业项目库和青年人才库，协调各种资金资源，提供资金支持、培育孵化、融资服务、会员推荐、展示交流等各种帮助，促进青年创业项目成长成熟。“创青春”中国青年创新创业大赛不设校赛。

（二）大赛赛制

“创青春”中国青年创新创业大赛包括科技创新、乡村振兴、数字经济、社会企业等 4 个领域的专项创新创业赛事，分别包含报名及资格审查、推荐、初赛、半决赛、决赛等环节。

（1）报名及资格审查　参赛项目须在报名时间内登录“创青春”网站（https：//cqc. yeeol. com）注册报名，由全国组委会按照大赛章程规定对报名项目进行资格审查。

（2）推荐　推荐包括组织推荐和社会推荐，其中组织推荐由各省级团委根据全国组委会分配的名额进行推荐，社会推荐由全国组委会组织专家评委进行推荐。经推荐后的项目进入初赛。

（3）初赛　初赛采用在线评审的方式举办，由评委根据项目报名时提交的资料了解项目信息，并予综合评分。

（4）半决赛　半决赛采用路演答辩的方式举办。具体路演答辩形式，结合各专项赛工作实际具体而定。

（5）决赛　决赛原则上采用现场路演答辩的方式举办。

（6）交流活动　大赛期间举办交流活动，包括科技创新、乡村振兴、数字经济、社会企业等 4 个领域的专项交流活动和 1 个综合交流活动，将面向参赛青年和县级青年创业组织代表举办各类创服活动。

四、评审与奖项

（一）评审规则

大赛面向全国征集相关领域专家学者、政府部门负责人、行业领军人物、知名企业家、投资人、投资机构负责人、创业导师、创业园区负责人等担任评委，负责大赛评审工作，评审要点见表 5-5。

表 5-5　“创青春”中国青年创新创业大赛评审要点

评审项目	主要考察指标
产品服务	项目定位、产品功能、目标用户、商业模式等的准确性、可行性、创新性
市场前景	产业背景、市场需求、竞争策略、发展前景等的前瞻性、成长性、发展性
财务运营	融资情况、盈利模式、财务管理、风险规避等的稳定性、合理性、持续性
团队素质	人员构成、资历背景、能力素质、团队合作等的完整性、互补性、协同性
社会效益	创业带动就业、带动群众劳动致富、支持社会公益等的针对性、公益性、导向性

（二）大赛奖励

1. 奖励

各专项赛分别设置金奖、银奖、铜奖及优秀奖。获奖项目将获得全国组织委员会颁发的证书，并可获得各主办单位给予的相关优惠政策。

2. 支持服务

在参赛项目中遴选设立创业项目库和青年人才库，提供综合支持。

（1）资金支持　根据创业青年主体和创业项目类型，通过中国青年创业就业基金会相关公益项目获得资金支持。

（2）培育孵化　可申请入驻中国青年创业社区，优先享受优惠的创业支持政策和优质的创业孵化服务。可优先接受创业导师团问诊帮扶服务。可获得在中国青年信用体系相关平台中享受激励措施。

（3）融资服务　可通过中国青年创业就业基金会金融扶持项目获得融资扶持，可获得与创投机构商谈融资合作。

（4）会员推荐　可申请加入中国青年创业联盟、中国青年电商联盟、中国青年企业家协会和中国农村青年致富带头人协会等。

（5）展示交流　可在“中国青年创新创业服务平台”对项目进行长期展示和宣传。可优先获得参加全国大众创业万众创新活动周等相关活动。

【案例 5-2】

“创青春”大赛：让青春和国家需要得以链接

“一群创业青年汇聚在‘创青春’的舞台，不禁让我想起1300年前的盛唐，就在黄鹤楼上，聚集着那个时代最闪耀的诗人，题诗作赋，引领风骚。大赛以青春之光照亮了我们小小的团队和大大的梦想。”王永锟说。

2023年8月24日，“航天科工杯”中国青年创新创业交流营暨第十届“创青春”中国青年创新创业大赛在武汉光谷举行。第四届“创青春”大赛金奖获得者、斯坦德机器人（深圳）有限公司创始人王永锟和参赛者们分享了自己的创业经验。

党的二十大报告指出：“必须坚持科技是第一生产力、人才是第一资源、创新是第一动力，深入实施科教兴国战略、人才强国战略、创新驱动发展战略，开辟发展新领域新赛道，不断塑造发展新动能新优势。”

“创青春”中国青年创新创业大赛是共青团中央服务促进青年创新创业工作的重要抓手。“创青春”活动全国组织委员会秘书处设在中国青年创业就业基金会。各级共青团组织共同参与“创青春”全国赛的报名组织，各地团组织可参照大赛章程，根据地方发展状况和产业导向举办“创青春”地区赛。目前，“创青春”大赛设有科技创新、乡村振兴、数字经济、社会企业等4个专项。

自2014年起至今，“创青春”中国青年创新创业大赛已成功举办11届，为青年创业者提供创业辅导、展示交流、资本对接、骨干培训，打造团组织、青年创业者、社会创服机构共创、共享、共赢的青年创新创业嘉年华，帮助众多有志青年成就了创业梦想。

王永锟和团队在获得第四届“创青春”大赛金奖后，被投资方看中，很快融资3000万元，历经8年的迭代，产品从自研机器人操作系统升级到智能制造软件平台，研发能力从自研机器人控制器到涵盖全链条物流机器人解决方案，在核心技术方面一直坚持自研与标准化。他希望通过移动机器人集群技术为工业装上腿，引领工业柔性变革，为智能工厂服务。王永锟说：“今年我32岁，创业8年，一路上经常被人质疑，你们团队这么年轻，做制造业能行吗？在这个领域，在这条道路上没有路标，只有一个深深的信念，那就是国家需要。”

【实践练习】

1. 观察身边参加创新创业大赛的同学，了解职业核心能力是否有所提升。
2. 了解本校有关参加创新创业大赛的规章制度，以及参赛者有哪些激励机制。
3. 尝试参加创新创业大赛，对比找出参赛前后自己的变化。

第六章

创业计划书

素养目标

1. 引导学生在创业计划中关注国家战略需求（如乡村振兴、科技强国等），将个人发展融入社会发展大局。

2. 强化文化自信与科技自信，鼓励将中华优秀传统文化元素融入项目或核心技术自主创新。

3. 通过案例教学激发学生以国家需求为导向的使命感，在计划书中体现长期发展目标而非短期盈利。

4. 鼓励计划书对接真实社会需求（如社区治理、乡村振兴），通过实践调研形成可行方案，体现“从群众中来，到群众中去”的方法论。

学习目标

1. 通过市场调研精准定位社会痛点，并设计针对性解决方案。

2. 结合国家政策（如乡村振兴和科技强国等）规划项目长期目标，明确3~5年发展战略。

3. 学习按“项目概况—市场分析—商业模式—团队管理”逻辑清晰呈现内容。

4. 通过数据可视化（如图表、用户增长曲线等）增强创业计划书的技术性。

案例导读

深圳瑞德林生物技术有限公司成立于2017年，专注于合成生物学领域，以生物酶技术为核心，开发绿色活性原料，应用于医药、化妆品、食品等行业。公司由留美博士后、深圳市领军人才及行业专家联合创立，技术实力雄厚，但早期研发投入大、资金需求迫切。

瑞德林在创业计划书中明确其技术壁垒和市场定位，强调合成生物学技术的环保性和经济性，例如通过生物合成技术减少化学工业污染，提升产品质量。这一差异化优势吸引了多家知名风投机构的关注，包括地平线投资、松禾资本等。2019—2022年，瑞德林通过创业计划书清晰展示技术前景和商业模式，先后完成4轮股权融资，总额超6.6亿元，估值从3000万元飙升至18.92亿元。其计划书不仅包含技术细节，还结合行业趋势（如深圳市“20+8”产业政策支持）和市场需求，增强了投资者信心。兴业银行深圳分行通过瑞德林的商业计划书和“技术流”评估体系，结合行业研究报告，为其提供2600万元授信，成为其最大授信银行。银行认为计划书中的技术路径和商业化潜力解决了“看不懂”“不敢给”的痛点。

第一节　创业计划书的概念及作用

创业计划书用来描述和拟创办企业有关的所有内部及外部环境的条件，以及要素特点等，能够为项目的发展提供说明书式指导和标准。通常，创业计划书是市场营销、财务规划、生产研发、人力资源等规划的整合，同时也是创业项目的载体，每一位创业者在创业之初都会对所创建企业的发展、项目规划、商业价值及融资计划编写成逻辑严密的计划书。创业计划书的质量往往会直接影响创业发起人能否找到合作伙伴、获得资金和政策支持以及赛事晋级等项目拓展的方方面面。

创业计划书在中国国际大学生创新大赛、“挑战杯”中国大学生创业计划竞赛等大学生双创赛事中具备较高重要性，也是大学生双创团队形象的象征和代表。赛事评委通过创业计划书的展示，能更好地了解项目的计划、前景和发展，甚至决定赛事网评能否顺利通过。撰写创业计划书的优秀团队，评委往往也会认为团队成员的整体水平较高、专业能力较强，如果项目立意也很出彩，会更容易吸引投资者的注意。一份专业的创业计划书会凝聚创业者很多的心血，也会迸发出智慧的火花，并展示创业团队的能力与决心。

一、创业计划书的概念

创业计划书作为初创团队阐述企业战略、运营模式等的核心工具，其概念及研究在国内外学术界和实践中存在差异化的演进路径，换句话说，国内外对创业计划书的定义与定位存在差异。

国内研究普遍强调创业计划书的融资功能，主流创业教育课程将其定义为：向投资者全面展示企业和项目现状、未来潜力的书面材料，核心目的是说服投资方提供资金支持。在国内主流学术研究结论也明确指出：创业计划书是获取风险投资的敲门砖，也是一份全方位的公司计划，是对公司或拟建立公司进行宣传、分析和融资的文件；其目的是使投资者了解公司的运行状况、市场地位和市场前景，吸引投资者把风险资金投入到公司中去。清华大学经管学院实证研究表明，包含“竞争壁垒分析”和“退出机制设计”的计划书可使融资成功率提高 40%。

在国外的该研究领域，哈佛商学院将创业计划书定义为“企业战略落地的路线图”，不仅用于融资，更侧重内部资源配置与风险预判。斯坦福大学研究显示，硅谷的企业平均每 18 个月修订一次计划书，以适应技术迭代和市场需求变化。欧盟的《中小企业发展报告》指出，欧洲企业的计划书普遍包含 ESG（环境、社会、治理）指标，例如德国企业需在计划书中量化碳减排目标以获取政策补贴。

综上所述，国内研究更侧重计划书的融资工具属性与政策适配性，而国外研究向战略管理、技术创新深度融合方向演进。未来，随着 AI 辅助生成工具的普及，创业计划书将呈现“数据驱动、实时迭代、人机协同”的新范式。企业需根据自身发展阶段（如初创期、扩张期等）和地域特征（如政策环境、市场成熟度等）选择适配的方法论。创业计划书的本质概念在于它是让大赛评委或投资人快速了解创业企业的产品或项目，并明确产品或项目可以创造怎样的价值，以及对方能从中获得的利益的文档材料。同时，创业计划书的设计可以帮助创业者或企业负责人梳理项目详情，从而提高对项目的认知和项目的执行效率。

【小贴士】

创业计划书的妙用

创业计划书还是创业项目在市场竞争中脱颖而出的锐利武器。在当今竞争激烈的时代，市场风云变幻莫测，只有通过精心撰写创业计划书，对市场趋势进行精准把握，制定出独特且切实可行的竞争策略，才能在激烈的市场竞争中占据一席之地，实现创业梦想的华丽绽放。总之，创业计划书是创新创业项目中不可或缺的灵魂所在，它承载着创业者的希望与梦想，指引着项目走向成功的辉煌殿堂。

二、创业计划书的作用

（1）厘清项目创意到落地的内在逻辑　在参赛、创业融资之前，创业计划书的第一个读者应该是参赛团队和创业者自己。商业中有个普遍的共识：你想把你的企业卖给别人，那么应当先把它卖给自己。参赛团队和创业者应该以认真的态度对自己所有的资源、已知的市场情况和初步的竞争策略做尽可能详尽的分析，并提出一个初步的行动计划，通过创业计划书使自己心中有数。创业计划书还是创业资金准备和风险分析的必要手段。对初创企业来说，创业计划书的作用尤为重要，因为一个酝酿中的项目往往很模糊，通过撰写创业计划书，把正面和反面理由都罗列出来，最后再逐条推敲，参赛团队、创业者据此就能对这一项目有更加清晰的认识和认知项目的可行性。

（2）增强团队对项目的管理　不少初创团队在项目推进过程中随着新创意的引入、资源的迭代加持，逐渐迷失了对项目目标的预期，从而丧失了对项目进展的管理权和主动权。制定一份科学的创业计划书可以增强参赛团队和创业者的自信，使参赛团队和创业者明显感到对项目或企业更容易控制，对经营思路更有把握。因为一份完备翔实的创业计划书提供了项目或企业全部的现状和未来发展的方向，也为项目或企业提供了良好的效益评价体系和管理监控指标。创业计划书使得创业者在创业实践中有章可循，通过描绘新创企业的发展前景和成长潜力，使管理层和员工对企业及个人的未来充满信心，并明确要从事什么项目和活动，从而使团队成员了解将要充当什么角色和完成什么工作，以及自己是否能胜任这些工作。

（3）获得项目必要资源支持　在大众创业、万众创新的今天，创业计划书的应用场景已经不仅仅局限于创业者、投资人和评委之间，项目的执行与落地更需要依靠当地政府、合作伙伴企业、科研机构及合作院校之间的支持。创业计划书作为一份全方位的项目计划，是对即将开展的创业项目进行可行性分析的过程，也是在向风险投资家、银行、客户和供应商宣传拟建的企业及其经营方式（包括企业的产品、营销、市场及人员、制度、管理等各个方面），在一定程度上也是拟建企业对外进行宣传和包装的文件。设计并撰写一份高质量的创业计划书还可能有机会取得政府的支持与扶持，增强参赛团队和创业者的信心，也会增强风险投资家、合作伙伴、员工、供应商、分销商对创业者的信心。

【案例 6-1】

创业计划书很有必要

某创业团队的社交 APP 项目在创业初期，该团队对市场调研不够重视，仅凭主观臆断和简单的网络搜索信息，就确定了目标用户群体和市场需求，且在创业计划书中对市场分析部分撰写得过于笼统和片面。在产品开发过程中，由于没有明确的核心竞争力规划，在众多类似的社交 APP 中，该产品无法脱颖而出，难以吸引用户。在产品推广方面，计划书中制定的推广策略缺乏可操作性，导致推广受阻。随着项目推进，资金逐渐耗尽，最终因产品用户量少、盈利无望而失败。

【实践练习】

1. 创业计划书如何帮助团队增强项目管理能力？
2. 简述创业计划书在“厘清项目内在逻辑”中的作用。

第二节　创业计划书的撰写

一、创业计划书的撰写原则

（一）避免“无病呻吟”和“病急乱投医”原则

创新创业的关键是解决旧的问题，二者之间通过商机这一概念关联，因此商机是问题和创意的结合物，问题和创意是商机的两个要素。著名创业学者蒂蒙斯（Jeffry A. Timmons）这样论述商机：在一个商业系统中，总会有着这样那样的问题，使得需求没有被很好地满足，或者由于某种原因，出现了新的需求。新需求出现，意味着存在潜在的商机。当行业和市场存在变化着的环境、混乱、矛盾、落后与领先、知识和信息的鸿沟以及各种各样其他真空的时候，商机就开始酝酿并将产生。由于商业环境中的变化和对这些变化的预测对创业过程至关重要，所以创业者要对变化持续保持警觉，否则，将因为找不准问题而“无病呻吟”。

然而，商机能否出现，还要看有无能够解决该问题以满足需求并切实可行的创意。创意使得问题解决有了方向，但如果创意不可行，仍然解决不了问题，将无法使项目痛点的解决形成闭环，从而陷入“病急乱投医”的境地。综上所述，只有当可行的创意使得梦想有了实现的可能性，商机才能由此产生。一个创业者构思创业计划书时朝思暮想的就是找到一个巨大的商机。寻找潜在的商机其实就是发现尚未被满足的需求并想办法满足这种需求。

（二）详尽进行市场调研原则

问题未被发现及未能合理找出创意点的另一个重要原因，是市场调研的匮乏与缺失。市场调研在企业经营管理过程中扮演着重要的角色，通过调研数据向企业决策者提供产品及服务有效的信息及优劣势分析，作为产品服务必要的线索和支撑。部分学生团队未能有清晰的目标与认识，并未找到精准人群做市场调研项目，甚至没有找到项目的核心问题，也没有针对问题做出有效的数据分析。部分团队未运用市场调研正确的途径和方法，市场调研目标不明确，市场调研对象未准确到产品受众本身，仅为纸上谈兵，没有契合市场。市场调研方法分为以下几种：

（1）问卷调查　设计结构化问题（封闭式/开放式），通过线上或线下收集大规模数据。为确保问卷数据的权威性，还可采用李克特量表（Likert Scale）设计问卷后批量发放，所得数据可通过 SPSS 软件进行数据分析确定信效度。此方法用于量化用户偏好（如产品定价接受度）、市场容量测算等。

（2）深度访谈　旨在与目标用户一对一沟通，挖掘深层需求与痛点。此方法用于探索性调研，如新产品概念验证、复杂决策行为分析等。

（3）焦点小组讨论　通过组织 6～10 名目标用户进行主题讨论，观察群体互动中的态度变化。此方法用于测试广告创意、产品功能优先级排序等。

（4）观察法　通过直接记录用户自然行为，如购物动线、APP 使用时长等，避免主观干扰。此方法用于优化线下门店布局、分析线上用户操作路径。

（5）竞品分析法　通过 SWOT 矩阵、波特五力模型拆解竞争对手的产品设计、定价策略、营销活动等。此方法用于识别差异化机会。

（6）第三方数据分析　引用行业报告、政府统计数据等二手数据，用于宏观趋势判断，如老龄化对养老产业的影响。

（7）实验法（A/B 测试）　小范围测试变量（如不同广告文案的点击率），并基于数据反馈调整策略。

（8）专家访谈　咨询行业从业者或学者，获取技术趋势、政策解读等专业见解。此方法用于高风险领域（如医疗设备合规性）、前沿技术商业化可行性评估。

（9）案例分析法　研究同类项目的成功或失败原因，提炼可复用的经验。建议采用商业模式画布拆分详细分析。

（三）客观认知原则

如果基于对产品市场的定位和市场调研的不准确，团队会形成自上而下的单向思维，即认为只要按照预设方案执行，结果必然符合预期，从而导致团队盲目推动产品运行以及对市场前景过于乐观，缺乏对产品、对服务、对市场和对竞争的全面了解，市场营销方案不全面，市场估值较高，短期财务预估不合理。

（四）重视竞争对手原则

在创业过程中，对于产品的研发和市场的预估要基于市场竞争份额、产品市场饱和度及份额占比的前提下进行。没有清楚的市场竞争认知和没有做过相关市场竞争调研的创业团队，也往往会出现创业目标不明确、产品缺乏竞争力、市场定位模糊、研发优势不足和市场竞争力弱等问题。

（五）撰写规范原则

创业计划书的格式可以侧面反映出创业团队的专业性与逻辑缜密性。部分团队的常见问题中还包括创业计划书撰写格式不规范，用语不规范，内容或简略或冗长，没有将关键问题进行详细阐述，内容陈述，逻辑不明，主次颠倒，企业相关的重要核心内容表述有缺失等。

（六）财务预测可行性原则

财务预测指的是初创团队根据市场估值对自身产品利润、现金流、企业资产负债等方面的科学精准预测。如果初创团队没有对产品市场规模做过详细调研，无合理的数据支撑（如过去产品销售量增长缓慢），而在没有任何营销举措的前提下，将造成对未来市场预期过高等问题。

二、创业计划书的基本内容

（一）基本结构

一份完备的创业计划书由以下五部分结构组成：

（1）封面　封面应用大号字体标明“××公司（项目）创业计划”，并注明公司地址、团队负责人、团队成员及其联系方式。此外，应注明计划的完成日期。封面应简洁明了，可依公司风格选择彩色或浅色的纸张。如果企业有自己的 LOGO，最好添加在封面上。

（2）摘要　摘要是对创业计划的浓缩，创业者要将最能体现公司价值的部分浓缩成为简洁明了的语句，以吸引投资人仔细阅读创业计划书。风险投资家通过阅读摘要可以对创业企业是否值得投资做出一个初步的判断，因此摘要至关重要。

（3）目录　目录为商业计划的阅读者提供了快速查阅所关注信息的途径。创业者要注意目录页码与内容的一致性。

（4）正文　正文是创业者对团队、市场机会、企业竞争优势、战略规划和财务预测、风险及其防范方案的论证和展示。在正文的最后，创业者还需要基于企业的价值提出融资方案。

（5）附录　附录应包括项目详细的财务计划、团队执行力的佐证支撑材料、知识产权专利、相关荣誉、与合作伙伴之间订立的合作协议（备忘录）等，以大幅提升项目的真实性。

（二）正文主要内容

（1）项目概述及背景　项目名称及简介是参赛团队（企业）与大赛评委、投资人建立第一印象的重要手段，一定要写得简洁、精彩，让大赛评委或投资人能迅速建立对创业项目的认知和兴趣，让他们有继续评审或投资项目的可能性。因此，在设计参赛项目名称及简介时，项目名称不要直接用公司名称，特别是处于初创或创意阶段的项目，可采用产品名称加副标题描述形式呈现，核心目的在于体现项目的定位和竞争力。

（2）客户痛点分析　详细阐述市场目前存在的与项目相关的痛点问题，该问题的解决紧迫性与必要性必须以充分数据量化凸显，从而体现该痛点为“切肤之痛”。再利用市场现有解决方案不充分、成效有限的案例说明痛点目前尚未形成有效解决方案。

（3）项目解决方案　大赛评委或投资人在评阅项目并进行判断是否有投资价值时，其主要关心的问题是该项目能给经济社会发展或投资人带来多大的利益，而决定其利益的关键因素在于项目或产品本身。因此，项目的定位一定要清晰、准确，具有不可替代性。可用简明语言讲清楚准备做什么事，最好能配上简单的产业链上下游图或产品功能示意图、简明工作流程图等，让大赛评委或投资人对要做的事一目了然。一个令大赛评委或投资人心动的项目设计通常包括市场需求量大、获得用户认可、成本优势明显、智能化规模化效应、边际效益明显和提升了行业壁垒六大要素。

（4）项目时机概述　说明清楚有什么样的解决方案或者什么样的产品，能够解决发现的痛点、市场需求点或机会点，突出项目的独特价值、亮点和优势，例如是否具备科技成果转化背景或拥有价值的知识产权等。同时，要准确说明未来如何实现盈利，即盈利模式和商业变现。如果参赛项目还处于雏形阶段或创意阶段，则可以弱化介绍盈利模式，把重点放在产品或解决方案的介绍上，让大赛评委或投资人觉得确实有应用价值，并有机会把项目做大。选取关键维度进行产品的横向对比分析，提出项目的战略规划，包括但不限于研发、生产、市场销售等主要环节，并说明清楚项目目前在产品研发、生产、市场拓展、业务发展、销售等核心环节的进展，尽量用数据进行总结，突出数据变化的趋势。项目发展阶段不同，各主要环节的讲述重点也不同。

（5）产品/服务方案　描述产品图片、技术参数、设计图样和服务界面等。在整个创业计划书布局中，尽可能花最多的篇幅去介绍、去总结产品/服务的创新思路、功能亮点、独特价值和竞争壁垒，让投资人或评委产生想购买、想拥有、想体验、想合作的冲动。建议团队发挥专业特长、构建专创融合，要有创新内涵，不要简单追随投资热点，要专注聚焦，不追求大而全，尤其考虑利用专业资源、发挥专业优势。

（6）市场分析　市场分析包含项目直接相关的行业背景、发展趋势、市场规模、政策法规等因素分析。行业市场分析要具体、有针对性，与项目本身要紧密相关，避免空泛论述，例如描述在目前的市场背景下，发现了一个什么样的痛点。在分析时，如果已有相关的产品或服务，请对竞争格局和已有的产品或服务做简要分析，表明当前项目的差异化机会，说明目前是做该项目正确的时机。

（7）商业模式　商业模式是指企业利用拥有的资源和能力为顾客创造价值，并向目标顾客输出价值、获得收益的方式。简单来说，商业模式就是一个企业通过什么途径或方式来赚钱。在数字化商业创新趋势下的今天，商业模式的重要性不仅没有减弱，反而成为创业领域的一个热搜词汇，几乎所有关注创业的人都对商业模式的构建津津乐道。商业模式画布由9个基本构造块组成，每个构造块代表了商业模型中的一个重要方面。商业模式画布如图6-1所示。以抖音平台为例，抖音是一种用户传递信息、完成社交活动的工具，抖音使视频创作和分发的门槛大幅度降低，信息更快地流通和连接。抖音平台作品内容具有相当的垂直度，核心算法分析各类视频的数据后，会根据用户喜好推送相应的视频，而用户则通过观看、评论同类视频寻找相同的圈子来完成社交活动。此外，抖音平台以直播为媒介，通过明星和网红效应吸引流量和粉丝，用户与明星、网红形成了较高的黏度，进一步拉动新用户并留存用户流量。

<table>
<tr><td rowspan="2">重要合作伙伴</td><td>关键业务</td><td rowspan="2">价值主张</td><td>客户关系</td><td rowspan="2">客户细分</td></tr>
<tr><td>核心资源</td><td>渠道通路</td></tr>
<tr><td colspan="2">成本结构</td><td colspan="3">收入来源</td></tr>
</table>

图 6-1　商业模式画布

（8）项目团队介绍　团队对于参赛项目而言具有十分重要的作用。一个具备创业能力的团队往往还需要高效的执行力来配合，才能促进项目可持续发展，因此在创业计划书中，参赛团队或企业要清晰地展示团队的优势，从而展现出一个令大赛评委或投资人欣赏的团队。换句话说，对于评委或投资人来说，困扰他们的无非就是投项目还是投人，或者二者都投（不投）的问题。一般来说，团队执行能力介绍主要可以从创始人、核心团队和团队管理模式 3 个方面展开，具体介绍团队的人员规模、组成和股权结构，以及团队主要成员的分工、背景和特长，并说明个人能力与岗位的匹配度、团队的核心竞争优势等。

（9）财务预测与融资计划　财务预测与融资计划是大赛评委或投资人重点关心的内容，也是参赛团队或企业需要花费时间和精力最多的一个部分。财务分析预测需要对大量数据进行统计分析，从而让投资者通过数字了解企业当前的财务状况及未来的发展情况。一般情况下，参赛作品要对未来 1 ~ 3 年项目收支状况的财务预估，未来 6 个月或 1 年的融资计划，需要多少资金，释放多少股份，用这些资金干什么，达成什么目标以及之前的融资情况进行说明。财务预测与融资计划部分会使用到项目盈亏平衡表、资产负债表、损益表、现金流量表等财务报表，所以项目团队内配备财务专业的成员非常重要。

三、创业计划书的撰写步骤及方法

（一）撰写步骤

除了引起项目团队对创业计划书的重视，明确目的同样是撰写完备创业计划书的首要前提。创业计划书设计的目的在于让大赛评委或投资人快速了解创业企业的产品或项目，并明确产品或项目可以创造怎样的价值，以及对方能从中获得的利益。同时，创业计划书的设计可以帮助创业者或企业负责人梳理项目详情，从而提高对项目的认知和项目的执行效率。

1. 发现创意点（商机）

创意点（商机）有两个要素：问题和创意。因此，识别商机至少包括三个步骤：发现问题（潜在商机），发展创意，商业潜力和可行性论证。

1）发现问题是对创业者具有挑战性的第一个环节。国内外风险投资机构对于创业者创意的要求就是解决客户的“切肤之痛”，唯有如此，未来的项目推广才会一帆风顺、立竿见影。

2）发展创意是对创业者具有挑战性的第二个环节。创意的好坏主要取决于创业者的专业背景和创新能力，创业者的个人经历和其他一些因素可能会影响创意的发展。很多情况下，由于创业者暂时缺少发展创意能力，很多潜在的商机被搁置。一些创业神话所讲述的一个创业者基于某种潜意识提出了一种解决问题的方法，但这些案例有时被表述得并不真实，甚至存在“幸存者偏差”，可能会对创业者起到误导作用。

3）商业潜力和可行性论证对创业者而言是最难的但也是最容易被创业者忽视的环节。忽略商业潜力和可行性论证的结果是，一些创业者自以为有着非常伟大的创意，然而有经验的投资人或评委却并不这么认为。在各类大学生双创赛事中，评委更看重项目落地可能性与学生真实参与度。

2. 团队成员头脑风暴论证创意点可行性

初创团队可以精心策划头脑风暴座谈来识别潜在的商业机会。参加头脑风暴活动的成员可以是潜在客户、技术专家、同样对双创感兴趣的师生等。初创团队为使与会者畅所欲言，互相启发和激励，必须严格遵守下列原则：

1）禁止批评和评论，也不要自谦。对别人提出的任何想法都不能批判、不得阻拦，即使自己认为是幼稚的、错误的，甚至是荒诞离奇的设想，也不得予以驳斥。在心理上调动每一个与会者的积极性，彻底防止出现一些“扼杀性语句”和“自我扼杀语句”。例如“这根本行不通”“你这想法太陈旧了”“这是不可能的”“这不符合某某定律”“我提一个不成熟的看法”“我有一个不一定行得通的想法”等语句，禁止在会议上出现。

2）鼓励巧妙利用和改善他人的设想。这是激励的关键所在。每个与会者都要从他人的设想中激励自己从中得到启示，或补充他人的设想，或将他人的若干设想综合起来提出新的设想等。

3）与会人员一律平等，将各种设想全部记录下来。与会人员，不论是该方面的专家、员工，还是其他领域的学者，甚至该领域的外行，一律平等。各种设想，不论大小，甚至是最荒诞的设想，记录人员也要认真地将其完整地记录下来。

4）提倡自由发言，畅所欲言，任意思考。会议提倡自由奔放、随便思考、任意想象、尽量发挥，主意越新、越离奇越好，因为它能启发人导出好的观念。

5）头脑风暴正式开始前，留出专门的时间由参会者个人深度思考、查阅资料，以提升发言的质量与逻辑程度。

3. 明确撰写分工

1）构建创业计划书撰写团队的本质是将分散的个体能力转化为系统化的价值输出。通过跨领域人才选拔、模块化协作流程、资源网络搭建及文化机制设计，团队能够将技术洞察、市场数据与财务逻辑整合为具有说服力的商业叙事。无论是学生团队依托高校生态，还是企业团队整合行业资源，成功的核心在于持续迭代与协同创新——这不仅关乎一份计划书的完成，更是未来创业征程中团队战斗力的预演。

2）团队成员的角色分工需明确且互补。互补型分工不仅提升效率，还能避免职责重叠导致的决策冲突。此外，团队中需设立“主编”角色，通常由具备商业计划书撰写经验的核心成员担任，负责统筹内容框架与逻辑连贯性，确保各部分数据与结论相互支撑。优秀的撰写团队需构建“技能矩阵”，即成员在“硬技能”（如数据分析、技术开发）与“软技能”（如沟通协调、创新思维）上的互补。技术开发、产品设计、市场营销与财务管理四大职能要形成闭环，技术成员负责搭建平台架构，产品经理优化用户体验，市场人员制定推广策略，财务专家评估成本收益，这种分工使创业计划书的技术细节与商业价值得以平衡。同时，团队须具备“认知协同”能力，即成员对行业趋势、政策环境及用户需求的共同理解。项目团队在撰写项目计划书时，应秉持“边做边学”能力提升原则，不断扩充自身知识储备，动态调整创业计划书的方向，才能确保项目计划的合理性与科学性。

4. 制订撰写计划

制订创业计划书的撰写计划是一个系统性工程，其核心在于将碎片化的创意、数据与资源转化为逻辑严密、可落地的商业叙事。这一过程并非简单的文字堆砌，而是需要融合战略思维、团队协作与动态调整能力，通过清晰的路径设计将抽象目标转化为具体行动。下面将从目标锚定、流程拆解、资源调度、协作机制及风险应对等维度展开论述，并结合典型案例与行业经验，探讨如何构建一套高效且灵活的撰写计划。

撰写计划的核心起点是明确创业计划书的核心目标。这一目标需超越“完成一份文档”的浅层诉求，而是聚焦于通过计划书传递项目的商业价值与团队执行力。目标的量化需结合行业特性，技术驱动型项目可能优先验证技术壁垒，而服务类项目则需侧重用户痛点与商业模式闭环。

资源的有效整合是撰写计划落地的关键。团队需建立“资源地图”，明确内部能力边界与外部可调用资源。例如，宁夏理工学院“无忧科技工作室”将校内资源分为导师资源（创业学院教授提供方法论指导）、设施资源（实验室与孵化器免费使用）、政策资源（地方大学生创业补贴申报）三类，校外资源则包括计算机供应商的硬件支持和线上平台的流量合作等。撰写计划需为资源对接预留时间窗口，如设定每月第一周为外部合作洽谈日，系统性推进资源获取。

计划书的撰写绝非一劳永逸，需建立“版本管理—反馈收集—持续优化”的迭代循环。初稿完成后，应定向邀请三类角色提供反馈：行业专家（验证商业逻辑）、潜在用户（评估需求真实性）、投资人（关注回报模型）。迭代过程中需平衡完整性与聚焦性。某智能硬件团队在首版计划书中堆砌了大量技术参数，却未清晰传达产品差异点，经顾问指导后调整为“三个核心优势 + 两个应用场景”的叙述结构，删除冗余数据，用可视化图表替代文字描述。

制订创业计划书的撰写计划本质是一次对创业项目的深度战略推演。它要求团队跳出文字框架的局限，以终为始地审视商业逻辑的坚固性、资源网络的可持续性与团队能力的成长性。无论是学生团队通过高校生态撬动资源，还是企业团队借力行业联盟强化落地性，成功的撰写计划都应体现三个特质：目标导向的精准性——每一环节直指核心价值主张；资源整合的创造性——将有限条件转化为独特优势；动态适应的敏捷性——在不确定中捕捉迭代机会。当团队能将撰写过程视为创业本身的微缩实践时，计划书便不再是一张融资门票，而成为照亮前路的战略地图。

5. 开展严谨的市场调研分析

撰写创业计划书中的市场调研分析，本质是通过系统性方法将碎片化的市场信息转化为支撑商业逻辑的核心证据链。这一过程需融合数据挖掘、用户洞察与竞争动态追踪，最终形成对市场机会的精准判断。

市场调研的首要任务是明确核心问题。创业项目的独特性决定了调研目标需围绕市场是否存在未被满足的需求以及项目是否具备解决需求的能力而展开。例如，技术驱动型项目需验证技术壁垒与市场需求的匹配度，而服务类项目则需量化用户痛点的普遍性与付费意愿。目标设定需遵循 SMART 原则（具体、可衡量、可实现、相关、有时限），例如将“验证目标市场规模”细化为“获取某城市 25 ~ 35 岁中高收入群体对智能家居产品的年需求量及价格敏感度区间”。

调研目标的动态调整同样重要。初期可通过小范围预调研（如 20 ~ 30 人的深度访谈）验证假设，若发现用户需求与预设存在偏差，则需重新锚定方向。例如，某教育类项目原定目标为“提升学生在线学习效率”，但预调研显示家长更关注“学习效果可视化”，此时需将调研重心转向效果评估工具的开发可行性。

数据来源的多样性与可靠性直接决定调研结论的可信度。一手数据获取需结合定量与定性方法：定量层面可通过线上问卷（覆盖广度）与线下抽样调查（确保样本代表性）收集结构化数据，如用户画像、消费频率、价格接受度等；定性层面则通过焦点小组讨论、用户行为观察及深度访谈挖掘非结构化信息，如购买决策中的情感驱动因素或使用场景中的隐性痛点。二手数据则依托政府公开统计（如国家统计局官网数据）、第三方咨询机构研报及学术论文，用于补充行业趋势、政策导向及竞品动态。

数据清洗与交叉验证是避免结论偏差的关键。例如，当线上问卷显示某产品用户满意度达 85%，但线下访谈中多数用户提及“功能冗余”，则需进一步分析数据分层（如高满意度是否集中于特定用户群体），或通过 A/B 测试验证功能使用率。对于矛盾数据，可采用三角验证法：比较用户自述行为（问卷）、实际行为数据（如电商平台购买记录）与第三方观察结论（如行业白皮书），筛选出共性信息作为核心论据。

原始数据需通过结构化分析转化为商业洞察。市场容量测算可采用自上而下与自下而上结合的方式：前者通过行业总规模（如智能家居市场年产值）乘以目标细分市场占比（如中高端产品占比 30%），后者通过用户单体年均消费额乘以目标用户数量。两者相互校验以确定合理区间。竞争格局分析则借助波特五力模型，评估供应商议价能力、替代品威胁及新进入者壁垒，同时通过 SWOT 矩阵对比自身与竞品的优势差异，例如技术专利数量、供应链响应速度或用户社群运营深度。

用户需求分析需超越表层统计，深入心理与行为动机。例如，通过 Kano 模型将需求分为基本型（如产品质量）、期望型（如个性化定制）与兴奋型（如社交分享功能），并优先满足前两类以确保市场基础，后者则作为差异化创新的突破口。此外，借助 JTBD（Jobs-to-be-Done）理论，将用户购买行为视为“雇用产品完成特定任务”，可更精准定位场景化需求。例如，用户购买便携咖啡机并非源于对咖啡的热爱，而是为了在通勤途中快速获取提神效果。

调研结论的呈现需服务于创业计划书的整体逻辑。市场可行性论证需串联行业趋势、政策红利与用户需求。例如：老龄化加剧催生居家健康监测需求（行业趋势），2024 年国家卫健委将家庭医疗设备纳入医保报销试点（政策），目标城市 60 岁以上人口中 68% 表示愿意为远程问诊功能支付溢价（用户数据），这三者共同支撑项目的市场空间。竞争策略制定则基于调研发现的竞品短板，例如：主流产品依赖硬件销售（竞品模式），本项目通过订阅制健康数据分析服务（差异化）构建持续收入流。

风险提示部分需避免泛泛而谈，而是结合调研数据量化潜在威胁。例如：若供应链成本上升 15%（根据 2024 年原材料价格波动历史数据），项目毛利率将下降至 18%，低于行业安全线 20%，需提前签订长期采购协议或开发替代供应商。此外，动态监控机制的建立应纳入计划书，例如：每季度更新行业协会数据，每月收集 100 份用户反馈，确保策略随市场变化迭代。

市场调研的本质是一场对市场真相的逼近实验。它要求创业者既具备“望远镜”般的宏观视野，洞察行业周期与政策风向，又具有“显微镜”般的细腻观察，捕捉用户行为中的微妙信号。当数据、逻辑与商业直觉形成共振，调研结论便能超越简单的信息堆砌，成为支撑创业计划书的核心战略支柱。这一过程不仅为融资提供可信背书，更在深层意义上帮助团队厘清商业本质，在不确定性中锚定前行方向。

6. 计划书初稿的内容优化

创业计划书的内容优化需围绕逻辑严谨性、数据可信度与表达精准性展开，其本质是构建一个将商业构想转化为可执行战略的强说服力文本。优化过程并非简单的内容增删，而是通过系统性思维重新校准计划书与目标受众（如投资人、合作伙伴）的核心诉求之间的契合度，进而提升其专业性与可行性。

1）核心问题聚焦是优化的起点。创业者需明确计划书的核心目标：若以融资为导向，则需强化市场规模的量化论证与财务回报的清晰路径；若用于战略指导，则需侧重商业模式迭代的容错机制与风险预案的颗粒度。譬如，针对技术驱动型项目，应将专利壁垒的竞争价值与技术商业化路径作为贯穿全文的主线，避免陷入技术参数堆砌而忽视市场需求匹配的误区。这要求创业者以“问题—解决方案”为框架重构叙述逻辑，每个章节均需回应“目标用户为何需要此产品”“竞争环境中如何建立护城河”等关键问题，确保内容始终服务于核心价值主张的传达。

2）数据驱动的内容强化是提升可信度的关键。市场分析部分需突破泛化的行业趋势描述，转而采用分层数据支撑：宏观层面引用第三方权威报告（如艾瑞咨询、IDC）佐证市场增长率，中观层面通过用户调研（如净推荐值、支付意愿测试）验证需求真实性，微观层面运用 A/B 测试结果说明产品迭代的有效性。例如，在用户画像构建时，应避免“25～35 岁白领”此类宽泛定义，转而使用“一线城市家庭月收入 3 万元以上”“每周线上生鲜消费≥2 次的母婴群体”等具象标签，并附上抽样调查的置信区间与样本量说明。财务模型则需通过敏感性分析展现不同变量（如获客成本波动、原材料价格上涨）对现金流的影响，使用蒙特卡洛模拟呈现概率化结果而非单一预测值，以此增强投资者对风险可控性的认知。

3）语言表达的精准化调整直接影响信息传递效率。商业模式的描述需避免使用“平台思维”“颠覆式创新”等抽象词汇，转而用收入公式（如营收 = 活跃用户数 × 付费转化率 × 客单价）与成本结构拆解（如研发费用占总成本 28%）进行具象化表达。技术章节应建立术语分级机制：核心专利技术可用专业术语详述其独特性，配套技术则改用类比解释（如分布式存储架构类似银行金库的多节点安保系统）以降低理解门槛。执行摘要尤其需要遵循“电梯演讲”原则，在 500 字内浓缩项目的稀缺性（如解决锂电池低温下效能下降 17% 的行业痛点）、可行性（如中试阶段良品率达 92%）、经济性（如单件成本较竞品低 34%）三大要素，确保投资人和赛事评委在快速浏览时能捕获核心价值点。

4）逻辑自洽性检验是避免内容漏洞的核心步骤。需建立跨章节的验证机制：市场分析中预测的用户增长率需与运营计划中的客服团队扩张节奏匹配，技术路线图中标注的研发周期需与财务模型的资金需求时间轴对应。例如，若计划书强调通过 AI 算法降低 30% 运维成本，则需在技术模块说明算法训练的数据来源与准确率，在财务模块体现成本节约对毛利率的具体贡献，在风险预案中考虑数据获取受阻时的替代方案，以此形成闭环论证。同时，采用逆向质疑法模拟投资人视角，针对关键假设（如三年内市场份额达 15%）提出挑战性追问（如依据何种渠道拓展速度实现该目标），并在文本中预设回答以增强应变能力。

5）视觉化叙事与结构化排版的协同优化可显著提升阅读体验。复杂信息宜采用组合图表呈现：商业模式画布用九宫格矩阵替代文字描述，用户行为路径用漏斗图展示转化率衰减节点，竞争分析通过雷达图对比性能、价格和服务等维度优劣势。排版设计时要关键数据（如可触达市场规模、内部收益率）用加大字体与对比色突出，避免淹没在段落中；技术原理阐释采用“图文左右分栏”布局，左侧放产品结构示意图，右侧列核心功能清单，降低认知负荷；附录部分应进行分级处理，将专利证书、供应链合作协议等硬性证据作为一级附录，调研问卷样本、用户访谈记录等软性资料作为二级附录，便于投资人按需查阅。

计划书优化本质上是一个动态迭代过程，需在文本固化前进行多版本测试：将核心章节（如商业模式、财务预测）拆解为独立模块，分别向技术专家、财务分析师、潜在用户等不同角色征询反馈，针对出现的认知偏差点（如投资人误判市场规模计算公式）进行针对性修订。最终成稿应达到专业性与可读性平衡状态——既包含足够深度的行业洞察支撑决策，又通过信息分层设计满足快速浏览与深度研读的双重需求，从而在竞争激烈的项目筛选中建立差异化优势。

（二）撰写方法

创业计划书的撰写方法本质上是对商业逻辑的拆解与重构，其核心在于通过不同方法论框架将复杂的商业要素转化为可验证和可执行的文本体系。不同撰写方法的选择往往取决于项目类型、发展阶段及目标受众的差异，其内在逻辑与适用场景存在显著区别。

1）以结构化为轴心的传统框架法是最基础的撰写路径，强调按照标准模块依次展开论述，通常包含项目概述、市场分析、产品设计、运营策略和财务规划等固定板块。这种方法的特点在于系统性较强，能够确保内容的完整性，尤其适用于初创团队缺乏明确方向时搭建基础框架。例如，通过定义目标市场、分析竞争格局和阐述盈利模式，创业者可逐步厘清商业逻辑的脉络。但过度依赖模板可能导致同质化，尤其当项目创新性较强时，传统结构难以凸显核心优势，此时需结合其他方法进行补充。

2）痛点导向法则从市场需求的反向推导切入，以“问题—解决方案”为主线构建计划书。这种方法要求创业者首先精准识别市场空白或用户痛点，通过数据或案例量化问题的严重性，再系统阐述产品如何填补这一缺口。其特点在于逻辑链条清晰，能够快速引发投资者共鸣，尤其适用于解决显性痛点的技术创新或服务优化类项目。例如，针对传统行业效率低下的问题，直接呈现解决方案的技术参数与效益对比，可强化商业模式的必要性。然而，该方法对市场调研深度要求极高，若痛点定义偏差或数据支撑不足，易导致后续论证偏离最初的目的或核心观点。

3）数据驱动法以定量分析为核心，通过多层次数据构建市场论证体系。这包括自上而下的行业规模测算与自下而上的用户行为统计，结合第三方报告与一手调研数据交叉验证。该方法的特点在于结论的可信度高，能够通过数据模型直观展示市场潜力与增长曲线，特别适合需要验证市场规模的高成长性项目，如科技产品或平台型商业模式。例如，利用渗透率、复购率等指标推导营收天花板，或通过用户画像细化目标客群的消费特征。但需警惕数据陷阱——过度堆砌数据可能淹没核心观点，且数据的时效性与来源可靠性直接影响结论的有效性。

4）财务模型法将资金运作与收益预测置于核心地位，通过现金流、损益表及投资回报率等财务工具量化商业价值。这种方法的特点在于聚焦资本视角，能够清晰展示资金使用效率与盈利路径，尤其适用于重资产投入或需多轮融资的项目。例如，通过敏感性分析测算成本波动对利润的影响，或设计不同融资阶段的股权稀释方案。但财务预测的合理性依赖于市场假设的准确性，过于乐观的估值可能削弱可信度，需结合保守、中性、乐观的情景模拟以平衡风险。

5）团队核心法以人力资源为叙事重点，通过团队成员背景、分工机制与组织文化展现执行力。该方法的特点在于强化“人”的因素，尤其适用于技术门槛较低但依赖运营能力的服务类项目或早期缺乏产品验证的初创团队。例如，突出核心成员的技术专利与行业资源，或通过股权结构设计体现决策效率。然而，单纯强调团队优势可能忽视商业模式的可复制性，还需要与市场分析、竞争壁垒等内容深度融合。

6）动态迭代法则强调计划书的持续优化属性，将撰写过程视为商业模型的验证实验。通过最小可行性产品（MVP）测试、用户反馈收集与竞争策略调整，不断修正计划书内容。这种方法的特点在于灵活性强，能够快速响应市场变化，适用于快速迭代的互联网产品或处于探索期的创新项目。例如，根据初期用户行为数据调整定价策略，或基于政策变化重构合规框架。但频繁修改可能影响计划书的稳定性，需建立版本控制机制与关键节点评审制度。

7）故事叙述法通过构建情感共鸣提升计划书的感染力，将枯燥的商业数据转化为具象的用户场景或社会价值。例如，描述产品如何改变特定群体的生活方式，或通过愿景陈述激发投资者使命感。这种方法的特点在于易于传播记忆，适用于具有社会创新属性或文化 IP 潜力的项目。但感性表达需与理性论证平衡，过度渲染可能削弱专业性，需在数据支撑与叙事技巧间找到平衡点。

不同方法的适用场景存在显著差异：早期技术研发项目可能侧重痛点导向与团队核心方法，以突显技术壁垒与执行能力；成熟期扩张项目则需强化数据驱动与财务模型，证明规模化可行性；社会企业常结合故事叙述与结构化框架，兼顾商业价值与社会影响。此外，融资对象差异也影响方法选择：风险投资者更关注市场规模与退出机制，需强化数据与财务模型；战略投资者则重视资源协同，应突出竞争壁垒与生态整合潜力。

无论采用何种方法，计划书的撰写本质是商业逻辑的翻译过程：将碎片化创意转化为可验证的假设，将经验直觉升华为数据支撑的结论，将团队能力具象为可评估的竞争力。优秀的撰写方法绝非单一模板的套用，而是根据项目特性对上述方法的有机融合。例如，以结构化框架确保完整性，用痛点分析强化逻辑主线，借数据模型提升说服力，最终通过动态迭代保持内容的生命力。这种多维度的整合能力，才是创业计划书从文档升级为战略工具的关键。

四、创业计划书撰写的注意事项

创业计划书的撰写本质上是对商业逻辑的精密编码过程，其核心在于将碎片化的商业构想转化为具备严密推演结构的可执行文本。这一过程需在战略高度平衡专业性与可读性，既需展现对行业的深度洞察，又要确保信息传递的清晰高效。

（一）明确目标与定位

在撰写之前，必须清晰地确定创业计划书的目标受众以及希望传达的核心信息。目标受众可能是风险投资机构、银行或潜在的战略合作伙伴，也可能是内部团队成员。不同的受众关注点会有所不同，例如投资人更关心项目的盈利模式、市场潜力和风险控制措施，而合作伙伴可能更在意合作方式与协同效应等。所以，要根据目标受众来定制计划书的内容和侧重点，确保传递的信息能够真正打动他们，激发他们的兴趣和信心。

对于项目的定位，需要精准地阐述创业项目所处的行业、所解决的具体问题以及所提供的独特产品或服务。要深入分析行业现状、发展趋势以及市场空白点，从而明确自身项目的独特卖点和核心竞争优势。例如，如果是一个主打环保型家居清洁产品的创业项目，就要详细说明目前家居清洁市场中对环保产品的需求增长趋势、现有产品的不足之处（如含有有害化学成分等），以及自身产品在环保材料使用、清洁效果等方面的独特优势，让人一目了然地了解项目的定位和价值所在。

（二）深入的市场调研

创业计划书中市场调研部分至关重要，不能仅仅罗列一些表面的市场数据，而是要进行深入、全面且细致的分析。这包括对目标市场的规模、增长速度、细分领域的划分，消费者的需求特征、购买行为模式以及地理分布等多个维度的研究。

在进行市场调研时，要运用多种方法来确保数据的准确性和可靠性。可以采用问卷调查、深度访谈、焦点小组等方式直接获取一手消费者信息。同时，也要结合行业报告、市场研究机构数据、竞争对手公开信息等二手资料进行综合分析。要对市场趋势进行前瞻性预测，分析未来3~5年甚至更长时间内市场的变化方向，比如技术进步、政策法规变化、社会文化变迁等因素对市场需求和竞争格局的影响，为项目的市场切入点和发展战略制定提供有力依据。

另外，对竞争对手的分析不能浮于表面，要深入剖析竞争对手的产品或服务特点、市场份额、竞争优势与劣势、营销策略等方面，找出竞争对手的薄弱环节，同时也要客观评估自身与竞争对手相比的差距，以便在计划书中提出针对性的竞争策略，展示如何在竞争激烈的市场中脱颖而出。

【小贴士】

不可不知的市场调研

市场调研在大学生双创项目计划阶段发挥着“指南针”与“风险预警器”的双重作用。其核心在于通过系统性数据收集与分析，帮助项目团队在创新理想与市场需求之间搭建起理性桥梁。下面以云南交通运输职业学院在2024年中国国际大学生创新大赛中的实践为例。参赛团队的“菜娃上缆车——大棚智能输送的开拓者”项目之所以斩获金奖，正是因为在立项初期团队深入云南高原农业区实地调研，精准识别到传统大棚作物运输依赖人工和效率低下的痛点，进而提出缆车式智能输送方案。这一过程充分体现了市场调研对创新方向的校准作用，它不仅验证了技术创意的可行性，更揭示了农户对成本敏感、操作简易的核心需求，使得项目从实验室原型设计阶段就融入用户视角，避免陷入“技术自嗨”的误区。

（三）合理的产品与服务规划

产品或服务是创业计划书的核心内容之一，需要详细、准确地进行描述。要从产品的设计、功能、特点和质量标准等方面进行全面阐述，让读者能够清晰地了解产品或服务的具体内容和优势。对于产品的研发过程，包括技术研发难点、创新点以及未来的技术升级路线等也要进行说明，体现项目的科技含量和持续创新能力。

在描述产品或服务时，不能仅仅停留在概念层面，要结合实际的生产和运营情况来说明如何确保产品或服务能够高效、稳定地生产和交付给客户。例如，涉及制造业的创业项目，需要介绍生产设备、生产工艺流程、供应链管理和质量控制体系等方面的内容，确保产品能够按照预期的质量标准和生产成本进行规模化生产；如果是服务类创业项目，则要说明服务团队的构成、服务流程的标准化设计、服务交付的方式和效率保障措施等。

同时，要考虑产品或服务的生命周期问题，规划好不同阶段的市场推广策略和产品迭代计划，以保持项目的持续竞争力和市场吸引力。

（四）科学的营销与销售策略制定

营销与销售策略部分要紧密结合目标市场和产品或服务的特点来制定。首先，要明确项目的目标客户群体，包括客户的年龄、性别、职业、收入水平和消费观念等特征，这样才能精准地选择营销渠道和销售方式进行市场推广。

在营销策略方面，要综合运用多种营销手段，如广告宣传、公关活动、社交媒体营销和内容营销等。要根据不同营销渠道的特点和目标客户群体的使用习惯，制定相应的营销计划和预算分配方案。例如，对于面向年轻消费者的时尚消费品创业项目，社交媒体营销和博主合作推广可能是非常有效的营销方式，需要详细规划在各个社交媒体平台上的推广内容、投放频率以及预期的流量转化效果等。

在销售策略方面，要确定合适的销售渠道，包括线上电商平台、线下实体店、经销商网络和直销团队等。分析不同销售渠道的成本、效率和市场覆盖范围，选择最适合项目特点的销售组合模式。同时，要制定销售目标、定价策略以及销售促进措施，如折扣优惠和赠品活动等，以吸引客户购买产品或服务，并提高客户忠诚度和复购率。

（五）精准的财务规划与风险评估

财务规划是创业计划书的重要组成部分，需要基于合理的假设和严谨的计算来制定，要包括初始投资预算、收入预测、成本预算、利润预测以及现金流量预测等内容。初始投资预算要详细列出各项启动资金的用途，如场地租赁、设备购置、人员招聘和市场推广等方面的费用，确保资金能够满足项目初期的运营需求。收入预测要结合市场调研结果和销售策略，根据预期的销售量、销售单价等因素进行科学预估。成本预算则要考虑生产成本、运营成本、营销成本和管理成本等各个方面，确保财务数据的全面性和准确性。利润预测和现金流量预测是评估项目盈利能力和财务健康状况的关键指标，要通过严谨的财务模型计算得出，并与同行业平均水平进行对比分析，找出潜在的财务风险点。

风险评估部分不能流于形式，要深入分析创业项目可能面临的各种风险，如市场风险、技术风险、管理风险、财务风险和政策法规风险等。对于每种风险，要详细说明风险发生的可能性、可能造成的影响程度以及应对风险的措施。例如，在市场风险方面，要考虑市场需求变化、竞争对手降价竞争等情况，提前制定应对策略，如加快产品创新、优化成本结构以保持价格竞争力等；在技术风险方面，要建立技术备份方案、加强与科研机构合作等，降低因技术问题导致项目失败的风险。

（六）完善的团队组建与管理规划

创业团队是项目成功的关键因素之一，因此在计划书中要详细介绍团队成员的构成、背景、经验和技能专长，要突出团队成员在相关领域的专业能力、过往成功经验以及互补性，展示团队具备驾驭创业项目、应对各种挑战的能力。

除了核心团队成员的介绍，还要规划好团队的组织架构和发展计划，明确各个部门的职责分工和工作流程，确保团队能够高效协作和顺畅运转。同时，要考虑团队的激励机制和人才培养计划，如何吸引和留住优秀人才，激发团队成员的工作积极性和创造力等，这对于项目的长期发展至关重要。

【案例 6-2】

C2M 是什么？

商业模式创新是一份创业计划书中的核心部分。C2M 是一种新型的互联网电子商务模式，依托信息技术重塑产业链。它运用大数据和客户订单分析客户偏好，让工厂根据已有需求进行设计、采购和生产，然后直接发货给消费者，省去交易链的中间环节，将工厂与消费者直连，直接为消费者提供产品。C2M 强调的主要是工厂与消费者的接连，个性化定制只是其中的一小部分，并且个性化生产意味着成本较高、价格高昂。拼多多的 C2M 商业模式就是将工厂与消费者直接联系并进行生产。

例如“农地云拼”项目，拼多多依托科学技术，将分散的农产品供给和需求集中起来，“拼在云端”，使农产品的供给端与需求端直连，有效降低产品流通过程中由物流链条和中间商产生的成本，有效增加农产品供给端收益和降低消费者的购买价格。拼多多依托信息技术，重塑产业链，2020 年农（副）产品商品交易总额（GMV）超 2700 亿元。

【实践练习】

1. 简述创业计划书在创业过程中的作用。
2. 在创业计划书中，如何进行详尽的市场调研？请列举至少三种市场调研方法。
3. 描述一个完整的创业计划书应该包含哪些基本内容，并简要说明每部分的作用。

第七章

项目的PPT与视频制作

素养目标

1. 培养家国情怀与社会责任感，引导学生将创新创业项目与国家政策紧密结合，培养服务国家重大需求、响应自立自强的使命感。

2. 对学生进行美育教育，在做 PPT 和视频过程中注重培养学生对 PPT 和视频的审美能力。

3. 筑牢诚信与学术道德，在知识产权、数据引用和政策解读等环节中，强化学术规范意识，杜绝虚构或夸大成果，树立严谨务实的科研态度。

学习目标

1. 学会制作 PPT，能够系统构建“为什么做—怎么做—为什么是我”的论证框架，并运用数据图表、故事化叙事和模块化排版实现高效信息传递。

2. 学会制作视频，包括脚本构建、素材整理、拍摄全过程、视频制作。

3. 了解网评 PPT（翔实、自解释）与路演 PPT（精炼、互动性）的差异，具备根据评审要求调整内容密度和呈现形式的能力。

案例导读

作为世界上最具魅力的演讲大师，乔布斯虽然离开了苹果，但他的精彩演讲令观众至今难忘。而在乔布斯的每次主题演讲中，幻灯片都担当了重要的角色。发布会上，他的幻灯片体现了苹果产品简约明朗的整体风格。但看似云淡风轻的现场展示，凝聚在背后的运作却是真正的精密复杂。每一场发布会都凝聚了乔布斯和他的团队数百个小时的心血。乔布斯本人会亲自撰写和修改演讲内容的幻灯片和要点，写完后还会给朋友和同事观看并征求他们的意见。他的妻子劳伦说：“每一页幻灯片他都要改上六七次。在每一次演讲前，我都会陪他准备几个晚上。”他把每一页内容都做成三种不同风格的幻灯片，然后让劳伦选出最好的一个。“他对此十分投入。他会把每句话翻来覆去地说，改变一两个词，再重新说一遍。”

乔布斯演讲时选用深色背景配浅色字（可以达到最好的清晰度），选择了给人以力量感、稳定感的深蓝色作为底色，配上白色的苹果独有字体，既简洁明了也体现出苹果风格。整个演示过程中，幻灯片的颜色、字体、背景等格式都保持统一的风格，突出了主题。如图 7-1 所示为苹果产品发布会的幻灯片。

图 7-1 苹果产品发布会的幻灯片

乔布斯当初发布 iPhone 手机的时候，他大声宣布：“今天，苹果重塑了手机”。一个优秀的标题才能够抓住观众的注意力，让他们有兴趣继续听下去。

乔布斯比别人率先找到了 Macbook Air 的标题——“世界上最薄的笔记本电脑”。几乎每一款产品，乔布斯都会为他们找到一句话。例如 iPod，“把 1000 首歌装进口袋”就是其中较为经典的一句。

一个好的 PPT 应该是什么样的？如果要用 PPT 介绍一个产品应该具备哪些要素？以下是给出的一些参考。

第一节　项目的 PPT 制作

一、逻辑结构

好的 PPT 是信息传达的艺术品，它需要在有限的空间与时间内将复杂内容转化为观众易吸收的视觉语言。好的 PPT 核心在于平衡功能与美感：逻辑架构要清晰明确，开场用引导的方式让大家对你为什么做这个产品产生关注，中间内容按认知规律分层展开，介绍产品是什么，解决了什么问题，优势是什么，结尾通过升华产品的价值和后续的发展强化记忆。每一页都应聚焦一个核心观点，文字精简如诗句，用字号对比和留白构建呼吸感，让观众视线自然流向关键信息。PPT 本质是演讲的视觉提词器，页面信息量需与语速同步。真正优秀的 PPT，能让幻灯片在关闭后，核心信息仍烙印在观众记忆中。

（一）PPT 的逻辑内涵

在各类型的创新创业比赛中，PPT 是其中最重要的环节，是评委网评和路演的重要依据。一份优秀的 PPT 不应只有单纯的炫酷效果，最核心的是能精准匹配评分标准、顺应评委理解，高效传递商业价值。优秀的 PPT 具备三大基因：数据化的说服力、故事化的感染力和系统化的论证力。既能用权威图表体现行业认知，又能借用户故事引发共情，最终通过严密的逻辑链条构建不可辩驳的商业链条。

一份 PPT 最核心的应该是解决三个问题：为什么必须做？如何创新地做？为什么非你不可？

1. 为什么必须做？

该部分需要说明该项目的意义和价值，通常以“数据化危机 + 政策化机遇 + 真实案例”的模式体现。开篇可以用行业权威报告截取核心数据（如我国 × × 领域年产能浪费达 1200 亿元），配以真实用户痛点场景影像（如工厂废料堆积的实拍画面），塑造评委对问题严重性的共识。继而引入国家政策，证明此项目需要解决的问题是刻不容缓的，是国家社会需求的。

2. 如何创新地做？

该部分要结合痛点系统化地提出解决方案，同时注意创新性和可行性，要让评委直观感受到你们团队所做的产品、所提供的服务和所具备的技术是可以解决痛点的，同时在市场中具备竞争力，尤其重要的是要证明项目的真实性。如果是学生比赛，一定要在此部分强调清楚学生的主要贡献和整个创业过程。以某新材料项目为例，可以用三维技术拆解图佐以权威机构检测报告，证明技术参数的革命性突破，同时采用订阅制和共享经济等新型交易结构的流程图构建商业模式，并标注已签约的几家行业龙头试用数据，再设计产品迭代版本对比图、种子用户增长曲线和供应链合作伙伴地理分布热力图，动态呈现项目从实验室到产业化的演进轨迹等。

3. 为什么非你不可？

该部分需要给评委构建信任体系，向评委证明你和你的团队能够把这个项目做大做强。

团队介绍应突破简历堆砌，转而设计“能力-成果”对照矩阵（如发表的SCI论文、攻克的行业技术瓶颈），外围辐射产学研合作机构（如标注已签署的战略协议）、政府扶持项目（如列出项目批复文号）、核心专利布局（发明专利授权地域分布）。财务模块需要逻辑真实，如结合已完成的Pre-A轮融资（如估值）实证商业潜力。该部分建议密集使用第三方认证符号（如ISO认证标识、投资机构LOGO墙），彻底消除评委对执行力的质疑，在团队适配性与发展可持续性维度建立压倒性优势。

（二）PPT的结构

1. 首页（封面页）

封面页是项目的第一价值点，需要在极短的时间内构建对项目的第一印象。本页PPT的内容首先应该包含项目的名称，然后再用一句话传递价值主张和核心优势，其次应该明确参赛项目的一些必要信息，包括项目负责人姓名、联系方式、参赛团队和参赛组别等（具体内容可根据不同的比赛进行调整）。除此之外还需要在首页PPT中上方标明所参加的比赛名称，如中国国际大学生创新大赛。最后加入视觉图片，图片包括公司或者项目的LOGO和典型的产品等。注意，图片一定要和项目高度相关。

封面页页面设计建议：排版上可尝试居中对称布局或“左对齐+视觉元素”呼应，背景图需与项目领域强关联，如科技类项目可选用深色渐变+科技线条，农业类项目则适合绿色渐变+农作物实拍图。例如，某金奖案例采用黑色背景搭配蓝色光效线条，通过矢量图标与数据可视化图表增强科技感。图片处理需遵循高清、无水印原则，建议使用1920×1080分辨率素材，并通过渐变蒙版或透明度调整实现与背景的融合。色彩搭配需遵循不超过3种主色原则，避免视觉混乱。图7-2为PPT封面示例。

图7-2　PPT封面示例

2. 项目背景

项目背景描述的是项目诞生的必然性，是项目的启示。项目背景需要宏观展示趋势（如技术、政策和经济）、中观行业演变、微观团队契机三重维度，重点揭示市场断层（如传统方案无法满足碳中和要求）、技术临界点（如5G URLLC标准成熟）、政策窗口期（如专精特新企业税收优惠）的交叉机遇。部分项目也可以在项目背景中讲述自己做该项目的原因和初心。

3. 项目历程

项目历程部分是展示项目发展脉络、关键节点与阶段性成果的重要页面，需通过时间轴、里程碑和数据对比等视觉化工具，清晰呈现项目从0到1的成长轨迹。建议筛选3～5个里程碑节点（如融资轮次、产品上线、用户数量/营收突破、行业奖项），并采用“时间轴+图标+故事”三维叙事：横向时间轴搭配左侧时间点、右侧事件描述，用图标标注里程碑，主色贯穿（如蓝色系），辅助色（如金色）强化重点。数据可视化替代文字，减少信息密度，插入团队合影、办公场景图，配简短故事，或引用用户评价，引发情感共鸣。

4. 国家政策

国家政策部分需要构建项目与宏观政策的强关联性，证明本项目符合国家战略导向并具备政策红利捕获能力。国家政策页需以“政策原文 + 项目响应”为核心，避免泛泛而谈。首先精准引用与项目强相关的政策条款，标注政策名称、发文单位及发布时间，体现权威性。其次，提炼政策核心（如鼓励 AI 技术提升基层医疗效率），并直接关联项目。最后，如果有政策补贴项目，需要用数据量化政策红利（如政策补贴后，研发成本降低 25%），形成政策与项目的双向闭环。

5. 市场分析

市场分析部分用于论证做该项目的意义。如果市场过于小，那么即使成为龙头也无法产生更高的商业价值。该部分需构建严谨的市场论证体系，需引用权威报告（如 IDC、艾瑞咨询）量化市场规模（如 2023 年中国 AI 医疗市场规模达 500 亿元），并关联政策驱动因素（如“十四五”规划中“AI + 医疗”专项推动行业增速提升 15%）。如果数据中没有明确的细分市场的规模，可以结合相关权威数据进行测算。数据获取的渠道可以采用艾瑞咨询、IDC、国家统计局（市场规模）、行业分析报告等。在设计上注重数据可视化，可以从不同地域或不同市场来标记市场容量。市场的总规模需要重点标出，如果涉及多个市场规模，最好采用从大到小的呈现过程。

6. 行业痛点

行业痛点部分将重点体现做本项目的必要性。一个好的痛点一定是高频次的且和刚需相关联的，本部分需要让评委深刻感知到该行业目前确实面临困难，从而突出项目的价值。行业痛点描述需要结构清晰，有总结有描述，可以引用权威数据分析行业中的痛点。痛点可以包括技术痛点（如技术空白、技术落后、成本高昂等）、运营痛点（如效率低下、资源浪费等）、用户痛点（如体验差、信任缺失）等。在设计中注重视觉冲击 + 逻辑链条构建痛感共鸣，在使用数据时可以采用对比图表。例如，用柱状图对比传统与 AI 模式下的效率（如人工巡检 10 亩/天 VS AI 巡检 100 亩/小时），用折线图展示损失规模（如病虫害损失年增 20%）。也可以将痛点符号化，用破碎的链条（技术断层）、漏水的木桶（资源浪费）、断裂的桥梁（信任缺失）等图标，直观传递痛点。还可以通过真实案例来描述痛点。

7. 解决方案

解决方案部分重点针对“如何解决行业痛点”这一核心问题。其内容设计需遵循“痛点—方案—价值”的逻辑闭环，即需要讲清楚采用什么样的技术或服务解决了某个痛点，带来了什么价值。解决方案需与痛点一一对应，并明确技术路径与实施方式。技术描述需避免堆砌术语，应转化为用户可感知的价值（如医生单次诊断时间从 30 分钟缩短至 5 分钟）。价值成果需量化且可验证，包括经济价值（如 2025 年营收破亿元）与社会价值（如覆盖 100 万患者）。解决方案页面的视觉设计需聚焦“清晰传递价值”的目标，避免过度装饰。可以通过“分层 + 模块化”画出技术架构图，也可以将技术方案（产品或者服务方案）和痛点图表的形式实现直观的对应。

8. 核心技术

核心技术部分主要构筑难以逾越的技术护城河，重点突出项目的优势和自己的不可替代性。核心技术部分需要和前面的解决方案和后面的竞品分析部分在逻辑上能够对应，简单来说就是，前期的解决方案的实现依赖于核心技术，而且竞品分析中的优势也依赖于核心技术。此部分需要呈现解决方案中最核心的技术，通常需要呈现核心专利、技术标准、软著和论文等佐证材料。在设计层面一定要有专利的授权书或者专利受理证明，而且团队成员必须是专利的第一完成人（需要在 PPT 设计中特别说明），其他佐证材料也要放真实的图片。需要用一句话总结核心技术。另外，在描述核心技术的时候，建议采用可量化的数据表述，例如组成的立体防护网可以提高 30% 的安全效率等描述。

9. 创新维度

创新维度部分主要是清晰、全面且具有吸引力地展示项目的创新之处。此部分简单来说就是回答评委最常见的问题（你的创新点是什么?），同时满足评分标准中的创新维度，所以非常重要。本部分通常建议用 2 ~ 4 页 PPT 来表述。首先是介绍项目的技术创新，即详细阐述项目所采用的新技术、新工艺或对现有技术的改进与突破。例如，若项目是一款智能健康监测设备，应说明其运用了哪些先进的传感器技术、算法优化技术，以及这些技术如何提升监测的准确性和实时性。其次是介绍项目的模式创新，即介绍项目在商业模式、运营模式或服务模式上的独特之处。例如，是采用了共享经济模式、平台化运营，还是开创了全新的线上线下融合服务模式，以及这种模式如何为项目带来竞争优势和市场机会。再就是介绍项目的应用创新，强调项目在不同领域或场景中的创新应用。例如，原本用于医疗领域的技术被拓展应用到农业监测、环境检测等新领域，展示项目的广泛适用性和潜在价值。此外，还可提及设计创新，包括产品的外观设计、用户体验设计等方面的独特之处，以及理念创新，即项目所倡导的全新理念或价值观，如可持续发展理念、人文关怀理念等。在设计上，将不同类型的创新点进行清晰分类，每个创新点单独占据一个板块，使用简洁明了的标题进行概括，让评委能够快速抓住重点。例如，在页面左侧以列表形式列出技术创新、模式创新等大类，右侧对应展示具体的创新内容。同时，要附上相应的数据、案例或用户反馈来支撑这些创新点，增强说服力。

10. 竞品分析

竞品分析部分是通过全面且深入地剖析竞争对手以展现项目优势与市场定位。该页面首先需明确竞品范围，详细列举出与项目直接竞争或潜在竞争的产品或服务。这不仅要涵盖市场上已有的成熟竞品，还应考虑可能进入市场的新兴竞品。通常筛选 3 ~ 5 家直接竞品（如市场份额 Top5 企业）与 2 ~ 3 家跨界潜在威胁者，建立多维度对比矩阵。例如，若项目是一款智能教育机器人，竞品就应包括其他品牌的智能教育机器人，以及可能拓展到教育领域的智能硬件产品。接着是竞品特点分析，从多个维度对竞品进行细致剖析。在产品维度上，分析竞品的功能特点、性能指标、外观设计等；在市场维度上，研究竞品的市场占有率、销售渠道、价格策略等；在用户维度上，了解竞品的用户群体特征、用户评价、用户满意度等。以智能教育机器人为例，要分析竞品在知识传授方式、互动趣味性、课程资源丰富度等方面的特点，以及其在不同年龄段学生市场中的销售情况。然后是竞品优劣势总结，即基于前面的分析，客观地总结出竞品的优势和劣势。优势方面，如技术领先、品牌知名度高、用户口碑好等；劣势方面，如价格过高、功能单一、售后服务不完善等。通过对比竞品的优劣势，能够清晰地看出项目与竞品的差异和竞争优势所在。在设计上，建议用表格的形式把竞品信息直观地呈现出来。例如，使用表格对比竞品和本项目的功能特点、价格、市场占有率等关键指标，让评委能够一目了然地看到竞品之间的差异。在视觉上，本产品对比竞品的优势需要在视觉上重点呈现。最后，在呈现上尽可能呈现优势而非劣势。

11. 商业模式

商业模式部分是参赛项目 PPT 的核心模块之一，直接决定了评委对项目可行性和竞争力的判断。商业模式回答了“如何赚钱”的核心问题，是创意能否转化为实际价值的重要逻辑链条。好的商业模式需要能够让人感受到市场需求的真实性，同时盈利逻辑实现闭环，且项目可以规模化。商业模式需要包括9大核心要素：客户细分（目标用户是谁？痛点是什么？）、价值主张（提供何种独特价值？技术突破？成本优势？体验升级？）、渠道通路（如何触达用户？线上还是线下？直销还是代理？）、客户关系（企业与客户间的互动模式，如自助服务、专属服务）、收入来源（主要盈利方式，如产品销售、订阅费、广告、数据变现等）、核心资源（依赖的关键资源，如技术专利、供应链、团队等）、关键业务（实现价值的核心动作）、重要合作（上下游合作方）、成本结构（商业模式运作的主要成本构成）。

在设计上，首先建议把商业模式中最重要的价值用一句话提炼出来，其次要遵循简洁明了、逻辑清晰的原则。在布局上，可采用图文并茂的方式，将各个要素以直观的图表或框架呈现出来。一种方式是使用商业模式画布的九宫格形式，将价值主张、客户细分等九个要素分别对应一个格子，每个格子用简洁的文字和图标进行说明，使评委能够快速理解商业模式的整体框架。另外一种方式是通过产业链上中下游的模式把这九个元素融入其中，围绕上中下游阐明价值变现的过程。图7-3为商业模式示例。

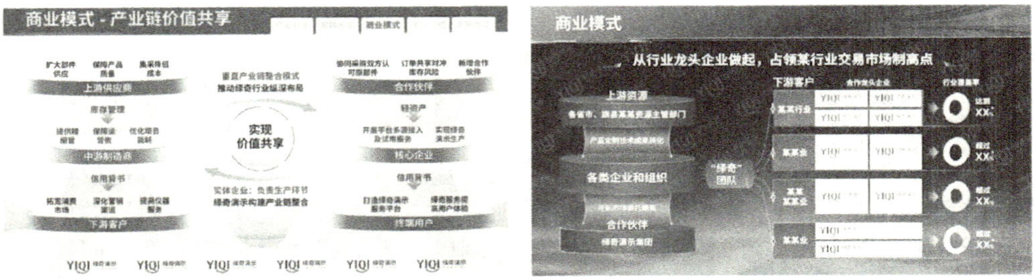

图7-3　商业模式示例

12. 应用案例

应用案例部分是展示项目实践成果、验证商业模式可行性的关键部分。该页面应围绕"真实落地、数据支撑、社会价值"三大核心要点展开，通过具体案例呈现项目如何解决实际问题、创造经济价值与社会效益。选择具有代表性的案例，尽可能覆盖不同场景和主要客户群体，体现项目的普适性和重要性。例如，若项目为智能农业解决方案，可选取"北方某大型农场增产实践""南方丘陵地区节水灌溉试点"等案例。每个案例需包含背景描述（问题痛点）、解决方案（技术/服务亮点）、实施过程（关键节点）、成果数据（如效率提升30%、成本降低20%）及客户评价（可引用合作方证言、感谢信或者第三方机构报告）等组成部分。设计过程中通过时间轴或地域分布图直观展示项目应用范围，同时可以采用"总-分"结构：顶部设置案例标题与核心数据概览（如累计服务10万农户，增收超5亿元）；中部通过卡片式设计分列各案例，每张卡片包含"案例图＋标题＋内容"。学会用可视化数据呈现，可以采用动图、视频的形式展示用户真实使用场景和反馈。

13. 评价体系

评价体系体现项目在市场中的验证，代表了目前的影响力。评价体系可以从这几个维度体现：一是学术认可，可以列出项目获得的学术奖项、专利数量和学术论文发表情况，同时可以寻找业内专家（如院士）对项目进行背书。二是行业认可，可以展示与行业头部企业的合作协议，提及参与制定的行业标准或团体标准，或者行业在行业内论坛和峰会上的发言照片。三是产品资质，可以展示产品获得的国内外认证（如CE、FDA、ISO体系认证）、行业准入许可（如医疗器械注册证、药品生产许可证），应附上第三方检测机构出具的权威报告，如性能测试报告、安全性评估报告，并标注关键指标（如某产品耐久性测试达10万次循环无故障）。四是媒体报道，可以分类展示主流媒体报道、行业媒体深度报道、自媒体影响力（如微信公众号）传播效果，并标注报道的覆盖人群规模（如单篇报道阅读量超 500 万）、话题热度（如微博话题阅读量破亿）。设计过程中尽可能采用佐证图片和一句话的描述形式呈现，可以用时间轴串联关键事件，用图标（如奖杯、专利证书、媒体 LOGO）替代纯文字，增强视觉吸引力。

14. 财务预测

财务预测部分是展现项目商业可持续性与投资价值的核心板块，能极大地佐证项目的真实性和市场潜力。该页面需系统呈现现在的财务状况和未来 3～5 年的财务规划，结合市场趋势与战略目标，提供清晰、可验证的财务蓝图。该部分还包括项目的收入和利润，需要和商业计划书的财务数据完全对应。为佐证真实性，在此部分可以呈现和企业的订单合同、流水或者采购意向书。设计过程一定是通过图表呈现，图表的形式可分为 2～3 个部分，图表关键信息一定要突出，用图表标注关键财务节点（如 2026 年收入突破 5 亿元）。

15. 融资计划

融资计划部分是连接项目商业价值与资本市场的关键桥梁，需清晰展示资金需求、使用路径及可能的回报预期与风险，可以从以下几个方面入手：一是要明确当前资金缺口（如需融资 3000 万元以覆盖 2025 年运营成本及市场扩张），并结合财务预测数据（如现金流缺口、研发投入需求）量化说明；二是按比例拆分资金用途，如 60% 用于技术研发（如 AI 算法优化）、25% 用于市场推广（如区域代理合作）、15% 用于团队扩张（如新增 20 名工程师）；三是用图表展示现有股东持股比例，如创始人团队持股 60%、天使投资人持股 30%、员工期权池 10%；四是建议可以简单描述退出机制和投资人回报测算，计算内部收益率（IRR）及投资回收期（如投资人 IRR 预计为 35%，5 年内实现本金退出）。设计过程中应分区布局，例如将页面划分为“融资需求”“股权结构”“退出机制”等模块，每个模块采用不同颜色或边框区分。

16. 核心团队

核心团队部分是展现项目核心竞争力的关键环节，通过简明扼要地呈现成员的专业背景、技能互补性、过往合作成果及角色分工，直观传递团队对项目的适配度与执行力。此部分通常为两页：一页介绍项目负责人，展示项目负责人和本项目相关的学术背景、科研成果（专利、论文）、实践成果（实践数据）、创业历程等；另外一页介绍核心团队成员，围绕“专业性、互补性、执行力和可信度”展开，明确每位成员在项目中的角色（如技术研发、市场调研、财务建模），体现系统性，突出成员专业背景（如学科、研究方向、技术能力）与项目的直接关联，建议多学科组队。设计上应图文结合，避免文字堆砌，可用成员照片 + 信息图标（如技能雷达图、时间轴）提升可读性；同时将成员的荣誉集中展示，将证书、奖项、专利等以缩略图形式排版，强化权威性。

17. 指导老师

指导老师部分的整体设计思路和核心团队部分相同，可以参考核心团队部分。重点需要注意的是，指导老师一定是和项目高度相关而且一定能够为项目提供专业辅导，不用把所有指导老师列上，仅仅展示对项目最有帮助的 3 名左右的指导老师即可。

18. 专家顾问

专家顾问部分总体和指导老师以及核心团队部分类似。专家一定是该领域的权威，比如院士、商业领袖或学术泰斗等。该部分重点体现专家对本项目的帮助，在介绍专家履历的时候应突出和本项目高度相关的重要事件，比如主持相关的国家自然科学基金。

19. 教育维度

教育维度部分是重要的评分环节。以中国国际大学生创新大赛为例，该部分权重占比

30%，所以需要3页左右的PPT对教育维度进行介绍。教育维度部分关键是要通过项目展示，体现其对大学生创新精神、家国情怀和伦理规范的培养和提升，可以从这几个方面体现：一是项目应用推动科研情况，项目教育促进创新情况，以及项目实际反哺教育情况，突出所学所用；二是体现学生在创业过程中的成长和所获得的成就；三是突出学校在创新创业过程中的作用，比如提供的平台、校企合作、科教融汇等。在设计上每一页用一句话总结教育维度的成果，然后再用真实图片和图片重点描述的形式表述，进行分块设计。

20. 社会价值

社会价值部分主要体现项目直接提供就业岗位的数量和质量，项目间接带动就业的能力和规模，项目创造的经济价值，或项目对社会文明、生态文明、民生福祉等方面的积极推动作用，可以用2页左右的PPT展示。其设计和注意事项参考教育维度部分。

21. 发展规划

发展规划部分需围绕项目长期战略目标展开，体现团队对未来3～5年的系统性思考，明确项目核心价值主张，例如“成为行业技术标准的制定者”或“打造全球领先的智能解决方案平台”。还需结合市场趋势，展示项目的分阶段目标体系，例如采用“短期突破—中期扩张—长期引领”的三阶段模型：短期（1～2年）阶段聚焦产品落地与市场验证，如完成3个标杆客户签约、实现首年营收100万元；中期（3～4年）阶段推动规模化扩张，包括区域市场覆盖、技术迭代升级（如AI算法效率提升30%）、团队规模扩展至××人；长期（5年及以上）阶段构建生态壁垒，如形成专利池××项、主导行业标准制定、孵化衍生业务线等。在设计上用流程图的形式呈现，特别注意规划要符合逻辑，切忌“假大空”，要和项目的整体目标相匹配。

22. 尾页

尾页和首页相互呼应，通常包括项目名称，能够传递项目价值的口号，以及与项目高度相符的图片。在设计上注意和首页的风格保持一致。特别注意尾页不要写“谢谢聆听、谢谢观看、请指正”等词语。

二、突出内容

双创大赛的评审通常围绕教育维度、社会价值维度、创新维度、商业维度、团队维度五个方面进行综合评价，所以在制作PPT过程中一定要重点突出评分标准中涉及的得分点。在教育维度，PPT需突出项目的教学价值，展示创新教学模式或实践课堂如何培养学生的核心素养和解决实际问题的能力。在社会价值维度，应强调项目对公共利益或社会福祉的贡献，如促进产业升级、带动就业或改善民生的具体成效。通过事例化叙述与量化指标相结合，让评委直观感受到项目的教育意义和社会影响。在创新维度，PPT需要展示项目的独特创意、技术突破或商业模式创新，并以专利、原型测试或竞品对比等证据加以论证。在商业维度，应清晰阐述商业模式、市场规模及盈利路径，并呈现未来3～5年的财务预测摘要和风险管理策略，借助图表和可视化分析，让评委一目了然地评估项目的市场潜力与商业可行性。在团队维度，PPT要突出团队核心成员的专业背景、分工协作以及过往成果，展示执行力和互补优势同时，也要体现指导老师和专家顾问的资源支持与背书，为项目增添可信度与发展保障。

PPT需要重点突出学生团队在项目中的作用，双创大赛尤其看重学生的实践能力，所以一定要区分老师的成果和学生的成果，并大量填充学生的实践照片，如调研照片、实验照片、获奖照片等。同时，在展示专利、论文等佐证时，一定要重点突出学生的贡献。

三、制作技巧

在制作PPT的过程中，要全面兼顾内容逻辑、视觉风格、简洁高效和数据可视化等维度，以确保评委能够直观获取 PPT 的信息。首先，需要从宏观上理清演示思路，通过大纲与标题确保每张幻灯片在无讲解情况下也能自我解释，避免“走一步看一步”的混乱制作方式；其次，要在前期构思中明确各部分的逻辑关系，先建立完整的内容框架，再以权威论据（数据、图表、案例）来支撑观点，从而保证论点的说服力与一致性；同时，结构设计要兼具完整性与故事性，通过清晰的“为什么做—怎么做—为什么选你”主线，提升整体流畅度与吸引力；此外，还需兼顾学术答辩中的时间控制与视觉节奏，确保内容分层清晰与要点突出，使评委快速捕捉核心信息；最后，在美观与易读之间寻找平衡，通过对比、配色与图标统一，营造专业且耐看的一致风格，实现视觉与信息双重强化。

（1）规划与逻辑自洽　在制作 PPT 之前，务必先撰写 PPT 大纲，明确整体架构和各部分的逻辑顺序，一切内容都需围绕“为什么做—怎么做—为什么是我”三条主线展开。每张幻灯片须设定自解释的标题和简要小结，即便评委只浏览文字也能迅速抓住要点。视觉表现要风格一致，可以选择简洁专业的模板，保持全局配色、字体和图标风格统一，并利用一致的装饰元素（如页脚横线、角标）强化品牌识别度。另外，在视觉表现上应优先突出核心信息，避免过度装饰或动态效果抢夺关注力，确保视觉层次分明与阅读舒适。

（2）简洁与重点突出　每张幻灯片仅聚焦一个核心观点，文字控制在 3～5 条要点以内，并辅以必要的图示或流程图；合理利用留白突出关键词，避免“信息爆炸”导致评委疲劳，确保评委能在最短时间内抓住演示精髓。

（3）数据与图表可视化　要先明确数据要传递的核心信息，然后选择最合适的图表类型（如柱状图对比、折线图趋势、饼图结构）并对标受众需求，避免单纯追求花哨模板。所有图表都需标注数据来源与关键结论，将“分析思路”融入视觉呈现，使评委一目了然地获取决策依据。

学会运用工具和 AI，熟练掌握 PPT 快捷键，可大幅提升排版效率；同时善于借助 Kimi 等 PPT 制作工具辅助制作。

【实践练习】

1. 项目概述 PPT

任务：制作一个 PPT，概述你的项目。

要求：包含项目背景、目标、核心优势和预期影响；使用图表和图像来辅助说明；页数限制在 5～7 页内，内容精炼。

2. 市场分析 PPT

任务：制作一个 PPT，展示对目标市场的分析。

要求：描述市场规模、增长趋势和目标客户群体；展示市场调研数据和消费者行为分析；使用 SWOT 分析来展示市场机会和威胁。

3. 财务规划 PPT

任务：制作一个 PPT，详细说明项目的财务规划。

要求：包括收入预测、成本预算和盈亏平衡点分析；展示财务假设和关键财务指标；使用图表来直观展示财务数据。

第二节　项目的视频制作

一、视频主要特征

参赛视频作为项目展示的重要载体，可以和创业计划书、PPT 形成互补。借助视觉传输特性，将项目的核心价值、技术优势和市场前景精准传递给评委，兼具故事性与数据支撑，且符合大赛对时长、格式和专业度的规范要求。参赛视频需要结合高质量的画面与动听的配乐，展现项目痛点与解决方案，同时通过团队成员或用户的真实反馈增强信服力。此外，视频还应注重品牌识别与行动召唤，通过适当的字幕和动画引导评委关注重点，其核心特征应聚焦于内容的精准性、形式的创新性、视觉的吸引力以及信息的传达效率。

（一）内容精准，逻辑清晰

参赛视频需紧扣项目核心价值，避免冗余信息。内容可以采用“问题引入—解决方案—创新点—实践成果—未来展望”的结构呈现，总时长控制在1分钟左右。需要在极短的时间内让评委理解项目的逻辑。

（二）形式创新，制造记忆点

视频不是简单的PPT配音，需要用吸引眼球的故事线去呈现，例如可以采用情景短剧、实验对比和用户证言等叙事手法。实践类项目可融入学生真实学习场景，技术类项目建议使用微距镜头展示产品细节，并配合动态数据图表增强说服力。视频节奏建议采用“黄金3秒法则”——每3秒出现一个刺激点。

（三）信息传达高效，1分钟内完成认知闭环

视频时长严格控制在1分钟左右，前15秒必须呈现最具冲击力的成果或数据。建议采用信息分层策略：基础信息用文字+语音双通道传递，复杂技术用动画分解演示，情感共鸣点用音乐烘托。参赛视频的本质是需在有限时间内构建“认知—情感—行动”的完整链条。

二、视频制作方法

（一）脚本制作与前期准备

在开始制作视频前，首先需要制作项目脚本，可以采用“问题引入—解决方案—创新点—实践成果—未来展望”的结构进行脚本制作。建议先撰写文字脚本，明确各段落的核心论点与配图视频需求。脚本应详细到时间节点和视觉效果描述，避免拍摄现场无序，确保“开篇冲击—中段细节—结尾号召”三大部分衔接自然通顺。

脚本明确后应该先整理好视频中需要展示的视频素材和图片素材，并根据写好的文案收集视频和图片素材。视频素材根据内容可以分为三类：新闻播报视频、项目相关网络视频素材和项目真实拍摄视频。新闻播报视频常用于视频政策背景部分（视频开头处），用于体现项目现实需求的紧迫性以及实施价值；项目相关网络视频素材可在文案背景介绍以及市场需求和痛点部分展示，用于补充画面内容；项目真实拍摄视频放到项目内容介绍部分。注意，素材画面不要过曝，主次分明，镜头为横屏尺寸，画面不抖动。图片素材以自己项目拥有的图片素材为主，可以分为如下三类：调研图片，应根据项目类型侧重点去放图片素材，例如农科可以多放调研和实践类图片；产品图片，即产品的真实图片，例如工科尽量放产品实物图或建模图以及团队成员实验图，尽量展示细节；项目成果图片，可以放发明专利、计算机软著、实用新型专利、收入证明、科技查新报告等能够佐证项目成果的图片素材。建议在撰写脚本过程中多使用AI工具。

（二）视频拍摄

根据前期梳理的素材，按类别、场景和脚本章节分文件夹管理，并建立素材清单，对照脚本进行检查，然后列出需要拍摄视频的清单。如果是新闻类视频和网络视频，需要组织人员去下载；如果是涉及产品相关的真实视频，则需要针对性地进行拍摄，并需要列出拍摄计划。

在拍摄前需准备好摄像机、稳定器、三脚架以及专业录音设备，并在场地进行灯光和声

学测试，以确保画面与音频的专业度和一致性。多机位同步录制能丰富后期剪辑选择，同时要保持横屏拍摄、画面无抖动，避免过曝光或过暗现象。受访者在镜头前时应使用简洁背景和柔光箱，以提升画面观感和信息聚焦度。在准备过程中视频拍摄部分可以由专业的团队进行拍摄制作。拍摄过程中需要录制配音与旁白，通常采用专业麦克风进行试录，并调整语速与语调以匹配视频节奏，还要对原始音频进行降噪与压限处理，确保声音清晰通透且背景音乐不过度干扰解说。若包含团队访谈或用户反馈，务必多次引导演讲者进行自然表达，并辅以实时字幕系统，以增强信息传达的可读性和观众亲和力。

（三）视频剪辑与输出

后期环节可分为粗剪与精剪两个步骤。先依照分镜头脚本进行粗略拼接，将各镜头按逻辑顺序组合，再在精剪阶段精确调整镜头长度与过渡，剔除冗余片段，强化关键场景的冲击力。完成剪辑后，应根据赛事平台要求导出视频，例如导出 MP4 文件格式（采用 H. 264 编码）的视频，要求画面流畅、声音清晰，大小不超过 20MB。

说明：项目拍摄和视频剪辑输出在实际过程中大多可以由专业团队制作，项目成员做好沟通和把控时间进度即可。

【小贴士】

视频脚本结构

制作项目介绍视频时，重点是画面内容与文案对应，素材尽可能贴合文案。将视频素材放置到合理位置内，视频镜头尽量保证丰富，多使用运动镜头，增强画面动态感。视频的脚本结构可以按照以下模式开展。

在开始介绍部分，通过开场白直接切入正题，用“政策驱动—市场需要”这个方向打开话题。简单来说，就是用一两句话概括一下当前政策背景，然后用数据展示市场需求。

接下来，把镜头对准那些痛点问题，来一段“深入挖掘需求”的演绎，可以采用讲故事的方式去讲述痛点。简单来说，就是把项目或行业的痛点快速展现，让人们直观感觉到“这问题不解决怎么行”。

然后开始介绍项目的产品和方案，可以采用“运用什么技术—研发什么产品—有哪些优势”的结构。用一句话解释就是，这个部分放置项目的图片、视频素材，并使用特效来包装素材，让画面更具冲击力和更加具有专业性。

接着介绍项目成果部分。在配音文案进行到项目成果部分时，对项目获得的成果素材进行包装，将获得的证明和荣誉与配音一一对应展示，还有项目过程中那令人印象深刻的商业合作案例和市场反馈也可以一并展示出来。

在视频的结尾部分，展示项目的 LOGO 以及团队的口号作为视频的收尾，同时也为接下来的路演环节预热。

三、视频制作技巧

（一）开篇吸引力构建

视频开篇的吸引力直接决定了评委是否能够迅速关注到项目。如果能在 5 ~ 15 秒内迅速抓住评委目光，精准点明项目解决的核心问题，吸引评委继续观看视频，那么将为后续内容的展示奠定良好基础。例如，可以提出一个与受众痛点高度相关的问题或抛出一条惊人统计，能在瞬间激发观看欲望。此外，可以运用幽默或戏剧化场景作为开头，也能营造轻松氛围，让评委在获得情感舒缓的同时快速记住项目主旨。可以采用的视频开篇形式包括直接对镜头提问、展示关键画面片段冷开场，或者用简短的口播配合视觉冲击，迅速确立项目价值。

（二）数据可视化叙事

将数据与项目特色相结合的方式能够引发评委的情感认同，增强项目的吸引力与可信度，让评委更直观地感受到项目的发展潜力。优秀的数据可视化不仅要选择合适的图表类型（如柱状图用于对比，折线图展示趋势，饼图呈现结构），还需在色彩、动画与旁白中注入情感元素，将每个数字背后的故事娓娓道来，让评委感受到背后隐含的价值。例如，通过逐步添加数据曲线的关键帧动画，一边阐述用户增长，一边引导评委“见证”项目的成长轨迹，这种沉浸式体验能显著增强记忆点与说服力。另外，合理运用对比色突出涨幅或差距，并配合简洁注释，能让评委一眼洞察核心发现而不被干扰。

（三）叙事节奏把控

精心设计叙事节奏，使评委沉浸于项目的故事之中，增强对项目的认同感。在介绍痛点时可适当放慢，结合静态画面与旁白，让评委充分感受问题的严峻。而在方案亮相或技术演示环节，则用快节奏的镜头切换与紧凑音乐迅速提升气氛，显示项目活力与创新性。

（四）视听融合策略

可在视觉与听觉两方面同步强化项目印象。在色彩方面，整体色调需与品牌主色调保持一致，字幕、图标及动画元素也应统一配色，形成连贯的视觉识别；LOGO 与图标频繁出现在画面边角或过渡动效中，能不断强化记忆。在听觉层面，选择与项目调性相符的背景音乐，例如时尚项目宜用轻快、律动感强的电子乐，科技项目则可配低沉、未来感十足的氛围音，为画面增添专业感。音乐音量与旁白需精准平衡，避免相互掩盖，并可在关键转折点引入轻微音效（如反转、飞入、渐强等），引导评委情绪起伏。

（五）情感价值注入

避免项目视频的冷漠感，使评委更易产生情感认同。可在项目落地案例中插入用户访谈或受益者镜头，配合温暖的配乐与柔光画面，彰显项目对个人或社区生活的积极影响。同时，在视频末段加入一句富有号召力的价值宣言，能够在评委结束观看后留下强烈的情感共鸣与记忆点。

【实践练习】

1. 项目介绍视频

任务：制作一个短视频，介绍你的项目。

要求：视频长度控制在 1～2 分钟内，包括项目的概念、目标市场和主要功能；使用动画或实拍视频来吸引观众注意。

2. 客户见证视频

任务：制作一个视频，收集目标客户对项目的看法和反馈。

要求：采访不同背景的客户，收集真实的反馈；展示客户使用产品或服务的场景；编辑视频，突出客户的关键评论和积极反馈。

3. 项目进展和成果展示视频

任务：制作一个视频，展示项目的最新进展和成果。

要求：展示项目的关键里程碑和成就，包括团队成员的工作场景和感言；使用图表和数据来展示项目成效。

第三节　项目网评与路演 PPT 的制作要点

一、网评概述

网评是指专家通过线上平台对参赛项目进行多维度评估的过程，作为项目筛选的核心机制，正在深刻改变着传统评审模式。参赛团队需要在指定平台上提交相关材料，包括创业计划书、网评 PPT 以及 1 分钟左右的视频等。这些材料需要充分展示项目的创新性、商业模式前景、团队结构以及社会价值等方面的信息，评委在查看项目材料后对项目进行打分。首先，评委会查看 PPT，通过 PPT 的内容结构和呈现出来的关键信息，评委可以快速了解项目的质量。如果评委想深入了解，还会继续选择查看视频或创业计划书。评委的评审主要关注项目的创新性、商业模式前景、团队结构以及社会价值等方面。这些标准旨在确保评选出的项目不仅具有创新的思维，还能在实际应用中展现出良好的发展前景和团队执行能力。评审完成后，会进行结果的公布，通常包括获奖项目的名单和各个项目的评分情况。

评审采用双盲机制，专家与项目方信息双向屏蔽，每个项目由多位不同领域专家独立评分。网评的优势在于效率革命与公平性重构，相比传统线下评审，网评能大幅压缩时间周期，专家日均评审量显著提升。

二、项目网评 PPT 的制作要点

（一）网评 PPT 的重要性及要求

从网评过程可以看出，网评 PPT 是大赛初审阶段的主要评估材料。评委在网络平台上仅凭该 PPT 及其他文档对项目进行评分，无现场讲解或答疑机会。因此，网评 PPT 必须具备高度的自解释性，即使评委快速翻页，也能瞬间捕捉到项目的价值主张、技术亮点与商业模式。在信息呈现上，网评 PPT 需要涵盖项目背景、市场分析、技术方案、团队架构和财务预测等全部评分维度，确保评委不因材料不全而错失关键信息。

网评阶段的评委通常需要在有限时间内浏览数十份材料，每个项目的阅读时间往往不足 5 分钟，因此 PPT 的逻辑结构与视觉引导至关重要。需要通过合理的目录导览与色块分区帮助评委迅速定位各板块，并形成对项目的整体印象，而非零散信息的堆砌。此外，由于材料审核无互动环节，所有数据与论证都需在 PPT 中一次性呈现完备，避免评委因信息缺失而产生疑问，进而影响评判。

网评 PPT 做好后，建议转换为 PDF，同时需要对里面的图片进行压缩，避免在网评时评委无法打开或加载过慢。

（二）网评 PPT 与路演 PPT 的差异

网评 PPT 和路演 PPT 的差异主要体现在页面数量和风格呈现不同。

（1）页面数量不同　网评 PPT 通常需要准备 30～40 页翔实内容，以覆盖各评分维度的所有要素，且每页应配备标题、小结与数据来源，确保评委在无旁白帮助下也能理解页面重点。与之形成对照的是，面向现场路演的 PPT 则更加精炼，通常控制在 18～22 页之间，侧重可视化冲击与口头讲解辅助，将更多细节留待演讲者现场阐述。

（2）风格呈现不同　网评 PPT 强调统一的母版与配色，保持版式与视觉符号的一致性，以降低评委阅读时的信息冗余和干扰；而路演 PPT 则可适度加入动画过渡和短视频片段，以增强现场表现力。视频和动图无须在网评材料中体现，避免因文件过大或播放不兼容而导致上传失败或阅读卡顿。此外，网评 PPT 在图表和数据展示上要求每个图表均需配以简明注释与小结，以便评委能够理解；而路演 PPT 可利用演讲者的口头说明，对图表和数据进行动态解读，无须在页面上堆砌过多文字说明。

综上所述，网评 PPT 的核心定位是“自我呈现 + 全覆盖”，既要通过精心编排的页面逻辑完整呈现项目全貌，又要通过简洁明了的视觉设计和充分的数据论证让评委在无旁白状态下也能迅速理解和认可项目价值。

（三）网评 PPT 的特点

网评 PPT 更像一个图文并茂的文章，而且更多地采用议论文的形式，因此网评 PPT 一定要具备以下特点：

（1）具备极强的解释能力　网评 PPT 须具备高度的解释能力，即使在没有演讲者旁白的支持下，评委也能通过阅读 PPT 迅速把握项目的核心卖点与逻辑脉络。每张幻灯片应明确有“标题 + 小结 + 视觉要素”三要素的协同配合。此外，应保持“一页一核心”原则，避免在同一页面堆砌多个主题，导致评委因信息量过载而无法聚焦。当需要展开多维度论证时，可通过母版分区形式，将标题区、数据区和说明区在视觉上进行清晰的分离。

（2）具备极高的完整性　网评 PPT 作为评委初审的主要材料，甚至有的评委有可能只看 PPT，所以必须覆盖比赛的所有评分维度——创新维度、商业维度、团队维度、社会价值维度及教育维度。完整性不仅体现在其覆盖面无死角，更要在深度与层次上有所突破。在页面布局上，建议将上述五大板块以“目录导航 + 超链接”方式植入封面或目录页，评委通过点击即可定位到相应章节，在确保无遗漏的同时提升阅读效率。

（3）具备极强的可靠性　可靠性是网评 PPT 获得高分的基础保障。每一项关键数据和论点都必须可查证，避免“空口无凭”或“自我感动”式描述。所有统计数字要标注出处及发布时间，如行业协会报告、国家统计局的数据或权威咨询公司的分析，且在注释中提供报告名称或网址。对所引用的用户访谈、试点验证或示范项目，要附上简要背景说明、时间节点及关键成果指标，形成“说什么—怎么做—结果如何”的闭环论证结构。

（四）网评 PPT 的信息呈现逻辑

在网评 PPT 呈现上，首先需要有大量的文字辅助证明，因为它是一份纯阅读的材料，所以在呈现上应该尽可能传递更多的信息。优秀的网评 PPT 需在“点—线—面”三层级上构建信息体系，同时结合“模块化”与“页面内三要素”的设计理念，形成既完整又易读的逻辑结构，实现在无现场旁白的情况下，通过严谨的结构和清晰的逻辑，让评委对项目全貌一目了然。

1. “点—线—面”三层级结构

“点”代表最细粒度的信息单元，包括关键数据、概念术语或核心结论。每一个数字和每一句小结皆为“点”级内容。通过统一的图标或色块标注可使这些“点”在页面中形成视觉焦点，避免信息被大篇幅文字淹没。

“线”是将“点”串联起来的逻辑脉络，例如流程图中的箭头、分步演示中的编号，或是衔接上下文的过渡语。利用清晰的流程图或分段标号，将各个“点”按“问题—方案—成果”的顺序串联，帮助评委顺畅跟随项目思路，不被逻辑断裂所干扰。

“面”则是多个“线”或“点”构成的整体板块，对应网评 PPT 的五大板块（创新、商业、团队、社会、教育）。通过使用矩形/圆形区域分割、色块背景和母版布局，将“面”级模块在视觉上区分开来，使评委在“目录页—导航指引—内容区”之间快速定位。

2. 模块化设计

网评 PPT 的完整性在于覆盖五大评分维度，每一维度可视为一个模块化组件。在设计时一定要有这个页面属于哪个模块的认知，并按相同的页面结构模板进行设计。

模块内部的信息流应遵循“引入—分析—结果”三段式，保证每个子单元都有清晰的开篇问题、中间论证与末尾小结，避免评委在翻阅时产生“为什么到此为止”的阅读断层。

每页 PPT 都应具备“三要素”，以实现“点—线—面”架构的落地。标题应能一句话点明本页核心议题，不含副词或修饰，确保评委第一眼就能捕捉；小结是位于页面底部的 15 ~20 字概括，来回答“这页告诉你什么”，引导评委快速回顾并转向下一页。视觉要素包括图表、流程图、信息图或高质量图片，务必配注简短说明，并通过对比色或高亮突出关键数据与节点。

同时，还需要有合理留白，避免页面过满造成视觉疲劳。每个要素之间保留 10% ~15% 的空白区域，以提高信息的可辨识度与阅读舒适度。

设计导航与目录时可以超链接同时分区高亮。为了提升网评 PPT 的可浏览性与评审效率，建议在开篇添加目录导航页，每个模块分别编号，并对目录项设置超链接，便于评委点击跳转。分区高亮是指在模板母版中预设横（竖）向色条，当评委跳转到某一模块时自动高亮对应色块，让评委在视觉上知道现在在第几部分。

三、路演 PPT 的制作要点

（一）路演 PPT 的重要性及要求

路演 PPT 是现场展示的核心，是团队在决赛现场向投资人、评委和观众进行项目介绍的主要载体。路演通常为 5 ~10 分钟的陈述 + 问答，所以在这短短几分钟内，PPT 要承担起快速吸引眼球、信息传递与互动引导的多重职责，既要让听众一眼锁定项目痛点与解决方案，也要为后续的问答环节留下逻辑跳板，确保演讲者与 PPT 形成有效互补。

相比网评 PPT 的“自我呈现”要求，路演 PPT 更侧重于辅助现场口头表达。在现场气氛和演讲节奏的加持下，路演 PPT 能够更直观地展示产品模型、核心技术或用户使用场景，增强现场感染力，最终影响评委的主观印象和打分决策。一份设计得当的路演 PPT，可将复杂的商业模式、团队优势和财务规划通过简洁的图表与关键数据串联，帮助评委在有限时间内建立清晰的项目认知。

路演 PPT 文件一般需以 16:9 比例保存为 PPTX 格式（要能在 Office 和 WPS 两个软件中都可以正确打开），并同时准备一份 PDF 版本，以避免现场转换或兼容问题。所有视频与 GIF 文件需提前测试播放效果，确保在赛事提供的设备上不卡顿。

（二）路演 PPT 的特点

路演 PPT 是面向投资人和决策者的现场展示工具，其特点在于高度定制化、精炼且富有说服力、互动性强，并注重品牌一致性与技术可靠性。以下几大要素构成了优秀路演 PPT 的核心特征。

（1）高度定制化　路演 PPT 是一种正式的投资者展示文档，通常在路演或投资者推介会上使用，需涵盖公司概况、产品服务、财务表现、市场定位与未来发展等关键信息，并针对不同地区或投资机构做本地化调整，突出他们最关心的市场机会与风险控制策略，以最大化现场互动效果和投资兴趣。一个路演 PPT 一定是从配色、图片、视频、字体都要围绕演讲的项目主体高度定制，优秀的路演 PPT 一定具备唯一性。

（2）高度简洁性　路演 PPT 的制作要求内容精炼与页数控制。路演 PPT 要“宜少不宜多”，一般每页字数不要多，每页仅传递 1 ~2 个关键信息，避免因文字或图表过多导致观众分心。在演讲时间里，每页 PPT 的展示不应超过 30 秒，务必围绕项目核心亮点，以简洁的要点列举和高频关键词强化记忆点。可适度运用动画过渡与动态图表增强现场表现力，例如通过关键帧动画让折线图动态增长，或在方案亮相时使用画中画突出产品实拍画面，切忌过度炫技，要始终以内容为主、动效为辅，保证播放流畅与视觉聚焦。在 PPT 制作的同时，应先撰写对应的演讲稿，并与幻灯片内容一一对应，确保口头表达与页面展示无缝衔接。

（3）具备较高的视觉效果　相比于网评 PPT，路演 PPT 应该重点在视觉效果上进行打磨，页面设计应以简约、高质感为原则，采用统一的品牌色彩、字体和 LOGO，使整套 PPT 在视觉上连贯一致；同时一定选用清晰的图表和高分辨率图片，配以恰当的空白与对比，提升可读性和专业度。

（4）具备叙事与故事化　优秀的路演 PPT 不仅罗列事实，更要用故事化叙事串联项目脉络。先从市场痛点出发，引出解决方案与产品亮点，再展示商业模式与团队优势，最后以财务数据和未来规划作为收尾，形成“问题—解决—落地—愿景”的流畅故事线，加深投资人记忆与情感共鸣。

（三）路演 PPT 的呈现逻辑

在路演 PPT 中，采用金字塔结构可以让现场评委和投资人快速抓住项目核心，并在短时间内形成对项目价值的清晰认知。具体而言，首先要在最顶层提出项目的关键结论或核心诉求，接着以 3 ~4 条支撑论点验证该结论，再在底层附上具体数据、案例与政策依据。通过“先结论后论据，再细化细节”的自上而下的思路，路演 PPT 能够在有限的演示时间内保持逻辑严密、信息层次分明，并为演讲者提供清晰的讲述脉络。整个 PPT 应围绕“为什么必须做”“如何创新地做”“为什么非你不可”三大维度，所有的 PPT 一定是要来解释这些问题。整个 PPT 完成后看一下 PPT 的分论点和证据链是否可以支撑这些维度。

每一页也需要应用金字塔原理。首先迅速点明核心诉求，向评委呈现最重要的信息，将核心观点总结为一句话，采用视觉突出设计呈现。然后页面的其他内容都是为支撑这个核心观点而服务的，通过页面的不同板块提供证据链支撑提出的核心观点。证据可以是关键数据图表和典型案例。

在制作过程中，路演 PPT 可以基于网评 PPT 进行修改。首先是对每页的字数进行调整，减少每页的字数，保留关键词和重要信息，去除可以用路演辅助说明的多余信息，将用文字表述的信息改造为图表信息。其次是将文字描述的案例转化为动图或者视频。最后找一个大屏幕，现场模拟播放效果，并在过程中对字体的大小以及 PPT 的配色进行调整，以便在现场能够清晰地看到内容。

【实践练习】

1. 网评 PPT

任务：用自己的项目做一个网评 PPT。

要求：包含网评 PPT 的所有特点，并使用图表和图像来辅助说明。

2. 路演 PPT

任务：用自己的项目故事做一个路演 PPT。

要求：先写出你的创业故事，把故事做成一个 PPT。

第八章

项目的路演训练

素养目标

1. 强化社会责任与家国情怀。通过创新创业实践，引导学生关注社会，培养社会责任感，践行社会主义核心价值观。

2. 塑造诚信与法治意识。强调商业伦理、知识产权保护的重要性，通过案例分析警示学生遵守法律法规，树立诚信创业的价值观。

3. 弘扬文化自信与创新精神。结合优秀传统文化中的创新理念，激发学生立足本土文化进行创新探索，增强文化认同与民族自豪感。

学习目标

1. 换位了解投资人或评委的关注焦点，掌握路演的核心逻辑框架。

2. 能清晰、简洁提炼项目核心亮点，具备应对评委提问的逻辑应变和口头表达能力。

3. 提升公众演讲的控场能力和情绪感染力，培养精益求精的职业精神。

案例导读

某高校团队以“非遗教育课堂”项目参加中国国际大学生创新大赛。项目旨在通过线上线下结合的方式，为中小学生提供非遗文化体验课程（如剪纸、泥塑、传统戏曲等），并融入现代教育技术（如 VR 非遗场景体验、AI 互动教学）。假设各位作为团队成员，请解决以下三个项目面对的挑战：

1）如何快速吸引评委兴趣？非遗主题看似传统，如何凸显创新性与商业价值？

2）如何证明市场需求？如何用数据说明教育机构与家长对非遗教育的付费意愿？

3）如何展示团队优势？团队成员均为文科生，如何说服评委相信他们具备技术开发与运营能力？

第一节　项目路演准备工作

一、路演的概念与作用

（一）路演的定义

路演（Roadshow）一词源于英文，指通过现场演示的方法，引起目标人群的关注，使他们产生兴趣，最终达成销售。路演是在公共场所进行演说、演示产品、推介理念，及向他人推广自己的公司、团体、产品和想法的一种方式。20 世纪 80 年代，路演被正式纳入证券发行流程，由投资银行协助企业向机构投资者推介新股，通过展示公司业绩、商业模式等，确定发行价格区间并吸引认购。这一阶段的路演以线下会议为主，强调投资者与发行方的直接沟通。

随着时代发展，路演由单一的金融工具变为多元化商业活动中的必要手段，兼具品牌推广、资源对接、市场测试等功能。路演不再局限于金融领域，逐渐渗透至科技、文化、消费品等行业，如游戏产业通过路演对接投资方与创业团队，影视行业通过路演宣传新片。除传统线下推介会外，互联网催生了“网上路演”，企业通过直播、视频会议等工具突破地域限制，扩大受众范围。

在创新创业类比赛中，路演是项目展示与评审的核心环节，主要指参赛团队通过现场演示（如 PPT、实物展示、视频等）并结合口头讲解，向评委和观众动态呈现项目核心内容的过程。与静态的网评材料环节不同，路演需通过演讲者与 PPT 或实物的互动，立体展示项目创新性、商业模式、社会价值等。路演时长通常严格控制在 5 ~ 8 分钟内，需精准提炼内容。路演 PPT 需与演讲者讲解相辅相成，强调逻辑递进与视觉冲击力，是创业计划书的精华概括。

【小贴士】

路演通关秘籍——30 秒定胜负，用“确定性”打动投资人

1）30 秒黄金开场：用“痛点 + 方案 + 数据”公式引爆兴趣，如“传统物流成本高（痛点），AI 调度系统效率提升 45%（方案），年省 2000 万元（数据）”。忌空谈“改变世界”，应聚焦细分场景（如冷链损耗痛点），才能一击即中。

2）内容极简，数据为王：PPT 每页只留 1 个核心，用对比图、增长曲线、用户证言替代文字。关键数据须牢记，投资人提问时能秒答，彰显专业与底气。

3）问答赢信任，坦诚胜雄辩：预判高频问题（如市场空间、技术壁垒、竞品对比等），用“权威报告 + 真实案例”回应。承认短板比强行包装更显靠谱。

4）核心法则：投资人投的是“确定性”，而非 PPT，应用数据证明价值，用坦诚赢得信任，用细节拉近距离。

（二）路演的核心目标

1. 快速建立评委对项目的认知是评分过程的关键抓手

创新创业类竞赛过程中路演有严格的时间限制，通常在 5 ~ 10 分钟，需要在有限时间内快速建立评委对项目的认知，精准向评委传递出项目做什么，以及其创新性、可行性与市场价值。内容叙述多围绕评分细则展开，这样方便评委快速定位得分点，更易获得高分。

2. 通过差异化竞争与记忆点打造展示团队能力

通过动画、视频、实物等多媒体手段提升展示效果；在答辩环节评委会针对项目可行性、技术难点等提问，团队需快速响应，体现专业性和应变能力；多用数据对比等形式的词汇或语句体现团队能力：这些表现会直接影响项目的评分。在路演展示过程中，可以多使用体现项目特色的词，如项目 slogan、有记忆点的数字或者词汇等内容，以增强评委印象。

3. 让路演成为项目迭代的加速器

创新创业类比赛一般需要通过多轮的网评和现场路演环节，这个过程中会经历多次的路演模拟和专家指导，像高校类的创新创业比赛在校赛、省赛和国赛环节都会组织专门培训，帮助团队完善商业模式、过程中的数据支持等。优秀的路演项目也会吸引到投资或者合作机会，相关比赛也会配套“资源对接会”等活动，帮助项目落地。

（三）路演的作用

1. 推动价值验证与资源整合

路演是项目可行性验证与方向优化的试金石。团队需要深入剖析商业模式、技术壁垒以及市场痛点解决逻辑，通过清晰展示项目的市场潜力、技术优势以及社会价值，使项目能够吸引到多元化的资源。相关数据显示，高达80%的早期项目通过路演实现了首轮融资。

2. 锻炼学生的能力与协作精神

路演可以促使团队成员全方位提升技能。它要求成员具备出色的演讲能力、严谨的逻辑思维与灵活的应变能力。团队成员还需掌握PPT设计、财务预测（如构建营收模型）以及竞品分析等实用技能。这些实战经验远超课堂理论，能让成员快速成长为复合型人才。

3. 促进创新生态与公平竞争

路演是筛选优质项目并激励创新的重要手段。以2024中国海外人才交流大会为例，1000多个项目通过网评最终筛选出15个入围项目，其重点考察技术的独创性以及项目的社会价值。这种筛选机制犹如风向标，引导学生将目光聚焦于国家战略需求，如碳中和、乡村振兴等领域，而非仅仅追求商业利益，有效激励了创新思维的涌现。

【案例8-1】

从实验室到乡村振兴的“绿色守护者”

2023年，某高校生物工程专业学生团队在实验室中发现，某地区农田因长期使用化学农药导致土壤污染严重，当地农民收入锐减。团队通过调研发现，全国类似问题覆盖超500万亩耕地，直接威胁粮食安全与农民生计。

1. 创新方案

团队研发出生物酶降解农药残留技术，利用微生物分解土壤中的有机磷农药，降解效率达98%，成本仅为传统方法的1/3。在技术上已获2项国家专利，并通过中试验证。

2. 路演实战与挑战

在校级创新创业大赛路演中，团队首次展示时因“重技术、轻痛点”被评委质疑：“农民为何需要这项技术?”学生意识到需强化社会价值表达，连夜修改演讲稿，加入真实农户的访谈视频，并引用《中国土壤污染防治白皮书》数据，将技术优势与“乡村振兴”“粮食安全”国家战略紧密结合。

3. 关键转折点

在省决赛现场，团队以“守护每一寸土地，让农民笑着种田”为开场，播放农户李大爷的采访：“用了这技术，地里又能种出好菜了!”随后用沙盘演示技术原理，并对比传统治理方案的成本与效果。面对评委关于“商业模式可持续性”的提问，团队提出“政府补贴+农户付费”的分级服务模式，引用已签约的3个试点县数据佐证可行性。

4. 成果与启示

项目最终斩获大赛金奖，并获500万元天使投资。团队与地方政府合作，推广技术至12个乡镇，带动2000余名农民就业，减少农药污染土地1.2万亩。学生负责人感慨：“路演不仅是展示技术，更是传递责任——我们的创新必须服务于人民最真实的需求。”

二、路演相关准备工作

（一）内容准备：讲什么

在路演核心价值传递的叙事框架中，需以“痛点—方案—验证—团队—规划”的黄金逻辑链，将技术壁垒、模式创新与社会价值熔铸为差异化竞争力，并通过数据与故事的双重叙事实现理性说服与情感共振，最终在评委认知中构建起“技术硬核—商业闭环—社会温度”的三维价值坐标。

1. 痛点切入需具象化，数据要有权威性

路演开篇需以数据锚定社会需求。在案例 8-1 中，引用《中国土壤污染防治白皮书》揭示“农药残留导致 30% 耕地减产”的严峻现实，用“每亩农田年损失超 2000 元”的量化表述强化紧迫性。此时再辅以农户李大爷的访谈视频——镜头中他捧着治理前干裂的土地与治理后金黄的麦穗，用方言诉说“终于敢让孙子吃自家米”的质朴心声，使抽象数据便转化为可感知的生命故事，形成“数据权威性 + 故事共情力”的双重冲击。

2. 方案呈现需构建技术代差

当痛点引发共鸣后，需以专利技术图谱与商业模式图解构建解决方案的说服力。案例 8-1 中团队展示“2 项国家发明专利 + 全球首创新型纳米材料”的技术壁垒时，对比传统吸附材料“降解效率仅 60%”的局限性，突出“98% 降解效率”的技术代差。设计“试剂盒 + 设备租赁”的盈利模式时，拆解竞品“每亩治理成本 1200 元”的高昂成本，反衬自身“成本降低 33%”的降本逻辑。此时再插入实验室研发故事——团队在 18 个月连续失败后，因一次意外发现纳米材料的催化特性，最终实现技术突破，则可将技术优势转化为“信念感 + 创新性”的品牌叙事。这种“研发艰辛—用户欢笑”的叙事对比，既能彰显团队的技术信仰，又能传递“让技术落地生根”的使命感。

3. 价值验证需数据与场景互证

在市场验证环节，需以财务数据与试点成果形成闭环。例如，展示“营收年增长率 87%”时，需同步披露“覆盖 12 个乡镇、服务农田超 10 万亩”的规模数据；提及“带动 2000 名农民就业”时，需补充“年人均增收 2 万元”的受益者证言。再进一步呈现治理前后的土壤检测报告——治理前有机质含量低于 1%，治理后提升至 25%，则可将商业成功升维为“乡村振兴 + 碳中和”的战略价值。最终，路演以“98% 的效率让 2000 家庭重获希望”的金句收尾，将技术参数转化为生命温度，项目便完成了从“技术方案”到“价值信仰”的跃迁。

（二）形式准备：怎么讲

在路演内容传递中，形式设计是信息穿透力的放大器，需通过视觉化呈现、结构化叙事与沉浸式互动的三维融合，将核心价值转化为可感知、可记忆、可共鸣的认知体验。以下从视觉化设计、演讲技巧与互动设计三个维度，构建信息传递的效率模型。

1. 视觉化设计：以感官冲击锚定认知焦点

PPT 需遵循“少即是多”的极简原则，每页聚焦单一核心信息，用视觉符号替代文字堆砌。例如，竞品对比时采用雷达图，将“成本、效率、可持续性”等维度量化呈现；技术原理部分用 3D 动画拆解产品内部结构，使复杂逻辑可视化。配色体系需构建品牌记忆点，如科技蓝与生态绿的渐变组合，既传递技术专业度，又呼应环保主题。关键数据需用色块、加粗或动态标注强化，形成视觉焦点。在结构布局上，封面页需用全屏大图（如受污染农田与治理后金黄麦浪的对比）奠定基调，目录页按“痛点—方案—优势—规划”模块化排布，结尾页以愿景宣言（如“让每一寸土地重获新生”）收束，形成完整的认知闭环。

2. 演讲技巧：以节奏张力驱动情感共鸣

开场需设计“认知钩子”，如用数据悬念“您知道中国每年因农药污染荒废的耕地相当于 500 个西湖面积吗?”引发好奇，或播放农户访谈音频，让质朴的方言诉说“不敢让孙子吃自家米”的困境，瞬间建立情感联结。内容展开需遵循“痛点共鸣—方案拆解—数据支撑—价值升华”的节奏链。例如：用 1 分钟陈述痛点；用 3 分钟讲解方案，并结合 3D 动画演示技术原理；用 2 分钟展示数据，并插入实验室研发的幕后花絮；用 1 分钟升华，并以“让科技回归土地”的宣言收尾。语速与语调需随内容起伏，形成情感张力。

3. 互动设计：以沉浸体验构建信任关系

互动需贯穿路演始终。例如，在方案讲解前预设问答衔接点——“接下来我将解释评委可能关心的风险问题”，既预留思考空间，又暗示专业自信。实物演示可强化技术说服力，如团队成员携带便携式检测仪现场演示，让评委直观感受技术优势。用户证言环节可设计“盲测实验”，邀请评委随机抽取治理前后的土壤样本，通过显微镜观察微生物活性差异，用实证替代口号。

（三）团队准备：谁来讲

在角色分配上，需根据成员优势与特质进行精准定位。主讲人作为路演的核心输出者，应选择具备出色表达能力和沉稳气场的成员担任，例如选择有辩论队经历者，他们能够清晰流畅地阐述项目内容，承担起约 80% 的讲解任务，确保核心信息准确传达。技术专家则由核心研发人员担任，担任这个角色的同学需要拥有深厚的专业知识，负责解答关于专利细节、实验数据等专业技术问题，以专业权威性为项目背书。市场负责人则聚焦于商业模式、竞争策略等市场相关问题的回应，通过展示合作协议、客户反馈等具体成果，增强项目的市场可信度与吸引力。可制定详细的“路演任务表”作为分工清单，明确 PPT 修改、数据核对、设备调试等各项职责节点，确保每个环节都有专人负责，避免职责不清导致的混乱与疏漏，保障路演流程的顺畅进行。

（四）临场准备：如何应对风险和突发事件

在路演的竞技场中，临场表现堪称决定成败的“最后一公里”，其胜负往往藏在设备、心理、应变的精细准备之中。一个成熟的路演团队需将风险预判转化为展示机会，将突发状况转化为加分项，最终实现从内容到表现的双重征服。

1. 设备与流程管控：筑牢技术护城河

设备故障是路演“黑天鹅”事件的高发区，但可通过“双备份”构建安全网。PPT 文件需同步存储于 U 盘与云端，确保突发断电或设备故障时 30 秒内无缝切换。提前 1 小时到场，用测试文档逐一验证投影仪的分辨率兼容性、麦克风收音的灵敏度、翻页笔的跨屏响应速度，避免因技术参数不匹配导致画面卡顿或声音失真。

2. 问答环节应对：锻造逻辑利剑

面对评委的连环提问，团队需将问题预判分为技术壁垒、市场前景、风险预案三大类，技术专家负责专利细节、实验数据的深度解读，市场负责人聚焦用户画像、竞品对标的战略分析，风险管控者预演政策变动、供应链中断等场景的解决方案。回答时采用 STAR 法则，利用“情境—任务—行动—结果”的逻辑回答。

3. 心理调节技巧：淬炼抗压内核

路演者的心理状态直接影响信息传递效率，需通过“仪式化热身 + 弹性化预案”构建心理韧性。在后台进行 4—7—8 呼吸法（吸气 4 秒、屏息 7 秒、呼气 8 秒）平复心率，与团队成员互动复述核心数据，将紧张情绪转化为兴奋感。若现场突发 PPT 卡顿、设备死机等故障，切忌慌乱致歉，团队应迅速配合切换到备用方案继续陈述，将事故转化为展示团队应变能力的契机。

【实践练习】

1. 录像自检

1）你的手势是否与核心数据匹配？（例如：说到“3 倍增长”时手势幅度是否足够大？）

2）眼神交流是否覆盖全场？（统计 3 分钟内与左侧、右侧、后排评委的眼神接触次数。）

3）语速和语调是否随内容变化？（例如：讲技术时语速是否过慢？举案例时语调是否平淡？）

2. 场景化演练

1）模拟“被质疑数据真实性”时，如何用“停顿 + 微笑 + 手势下压”保持镇定？

2）讲述“用户故事”时，如何通过抚心口、皱眉、点头等动作和表情传递共情？

第二节　项目路演关注要点和凸显维度

一、路演关注要点

（一）内容设计的核心逻辑

在创新创业项目的推进过程中，内容设计无疑是核心环节，而严格遵循“三重逻辑”则是确保项目成功落地的关键。这“三重逻辑”具体指的是：市场痛点与解决方案的精准对接，商业模式与盈利路径的清晰规划，以及技术亮点与成果验证的坚实支撑。

项目开篇需巧妙引入政策背景或当前社会现状，以此作为引出项目痛点的切入点，凸显问题的紧迫性与解决的必要性。例如，若项目聚焦于环保领域，可提及国家最新环保政策导向或者当前环境污染的严峻形势，从而自然过渡到项目要解决的痛点问题。然后，通过痛点的解决展现出创新性与技术壁垒。在此阶段，项目应充分展示其专利或软件著作权等知识产权，这是项目独特价值与技术实力的直接体现。利用实验数据、竞品对比分析等实证材料，直观展示项目在解决痛点上的优势与成效，增强说服力。

在解释核心技术时，应避免陷入技术术语的堆砌，而是要换位思考，从投资者或评委的角度出发，用通俗易懂的语言进行阐述。同时，引入专业机构出具的权威认证和获奖情况作为佐证，不仅能够提升项目的可信度，还能进一步突出项目的进展与成果。这些成果不仅是项目技术实力的体现，也是吸引投资、推动项目持续发展的关键动力。

【小贴士】

痛点挖掘法则——从“伪需求”陷阱到“真刚需”洞察

痛点不是创业者臆想的“行业通病”，而是目标用户“痛到愿意付费改变”的底层矛盾。精准定位需三步走：

1）用户场景化拆解：避免空谈“效率低”“成本高”，需锚定具体场景（如新手妈妈夜间冲奶水温难把控），锁定高频、高损环节。

2）数据交叉验证：通过问卷（样本量≥200 份）量化痛点程度（如 78% 受访者因账目混乱损失超 10% 利润）、竞品差评词（如高频词“操作复杂”“响应慢”等）、行业白皮书（如某环节人力成本年增 15%）等多维数据，剔除主观臆测。

3）用户原声穿透：直接访谈 10 ~ 15 名典型用户，记录其抱怨时的情绪词（如“崩溃”“抓狂”）、具体行为，还原真实痛点背后的“未被满足的渴望”，证明这并非“锦上添花的需求”。

（二）展示技巧与视觉呈现

在创新创业项目的展示环节，技巧与视觉呈现是决定成败的关键因素之一。精心设计的PPT不仅能够清晰传达项目信息，还能在视觉上给评委或观众留下深刻印象，为项目增色。

封面设计是PPT的“门面”，其重要性不言而喻。封面需包含项目名称、核心亮点及团队信息，这些元素是评委快速了解项目的基础。设计风格应与项目的调性保持一致，无论是科技感十足的现代风格，还是温馨亲切的人文风格，都应确保整体视觉效果的和谐统一。

项目slogan作为项目之眼，需经过反复斟酌，力求精准凝练，要既能体现项目的亮点，又能凸显其核心价值。在slogan的设计上，可以考虑采用重复的手法，通过在不同页面或场景中适当出现，加深评委对项目核心的印象。

在呈现过程中，开场与结尾的设计尤为重要。开场部分可以通过设置悬念、讲述一个引人入胜的故事或展示一组震撼的数据等方式，迅速吸引评委的注意力，激发他们的好奇心和兴趣。这样的开场方式不仅能够为项目营造一个良好的开端，还能为后续内容的展示奠定良好的基础。而结尾部分则应多强调项目的社会价值或商业潜力，呼应开场时提出的问题或悬念，使整个展示过程形成一个完整的闭环。通过结尾的强调，不仅能够加深评委对项目价值的认识，还能增强他们对项目未来的信心。

（三）答辩策略与风险应对

1）在创新创业类比赛过程中要做到精准预判、有的放矢。可借助网络资源广泛收集往届答辩评委的提问偏好和方向。在创新创业类竞赛中，技术的科学性、市场竞争壁垒以及商业模式的可持续性是评委重点关注的高频问题。通过分析这些共性问题，我们可以有针对性地准备答案，做到心中有数。

2）针对核心要点准备答案。对于技术的科学性，要深入剖析项目所采用的技术原理、创新点以及与现有技术的差异。例如，在回答技术原理时，不仅要阐述清楚技术的基本框架，还要说明其如何解决行业痛点。对于市场竞争壁垒，要明确项目的核心竞争力所在，如独特的资源、专利技术、品牌优势等。对于商业模式的可持续性，则需要从盈利模式、成本控制、市场拓展等方面进行阐述，展示项目在未来能够持续发展的能力。

3）用数据增强说服力。准备答辩时，尽量用具体的数据来支撑观点。数据具有直观、客观的特点，能够增强答案的可信度和说服力。例如，在介绍成本优势时，可以说“我们的成本仅为竞品的50%”；在说明用户认可度时，可以提及“用户对于产品的复购率达80%以上”。这些数据能够让评委更清晰地了解项目的优势和潜力。

4）答辩过程要灵活应对、展现风采。当遇到准备过的问题时，要按照逻辑顺序，逐条逐点地回答完整。回答时要注意语言表达的准确性和流畅性，突出核心要点。可以采用总分总的结构，先简要概括问题的要点，然后详细阐述具体内容，最后进行总结强调。例如，在回答技术原理时，可以先说明技术的基本概念，接着介绍技术的工作流程和创新点，最后总结该技术对项目的意义和价值。

5）礼貌确认未听懂的问题。如果遇到没有听懂的问题，不要慌张，可以礼貌地向评委确认：“请问您是想了解我们的技术原理还是应用场景？”通过这种方式，既能避免因误解问题而导致回答偏离主题，又能展现出自己的专业素养和沟通能力。在确认问题后，再结合自己的准备进行回答。

6）坦诚回应不确定的问题。对于不确定的问题，要坦诚地表达自己目前对该问题的了解程度，并尝试引导至项目优势。例如，可以说：“目前该问题尚未验证，但我们的技术已通过××专业机构认证，掌握××项专利技术。”接着，进一步阐述这些专利技术如何为项目提供保障，以及在未来的研发和应用中如何解决可能出现的问题。通过这种方式，将评委的注意力引导到项目的优势和潜力上，展示出项目的可靠性和发展前景。

（四）项目其他关键细节

路演时长通常为 5～10 分钟，需反复演练确保不超时，重点分配在技术、市场及商业模式（占比 60% 以上），可参考具体比赛的评分规则，通过分数在不同模块的占比来分配具体的路演时间占比。例如，评分细则中教育维度有 20 分，占到评分分数的 20%，那么教育维度路演内容要占到整体路演稿篇幅的 20%，展示时间也要占到路演时长的 20%。

还要注意优化内容，并结合评分标准针对性打磨内容细节。

同时也要注意场地与设备测试，提前检查 PPT 动画、视频链接、麦克风、翻页笔等设备，避免现场故障。

路演成功的核心在于用数据与故事打动评委，通过清晰的逻辑、视觉化的展示和团队专业性的呈现，将项目价值精准传递。

【案例 8-2】

从“新手妈妈崩溃瞬间”到智能育儿硬件突围

A 团队通过 200 份母婴社区问卷发现，87% 的新手妈妈夜间冲奶时因水温难以把控陷入焦虑，其中 63% 用户因冲奶粉失误导致奶粉结块或被烫伤，近半数曾高价购买过“鸡肋”恒温壶后弃用。进一步访谈 12 位妈妈时，她们用“崩溃”“绝望”形容凌晨冲奶粉场景，甚至有人因频繁熬夜引发乳腺炎，揭示出“精准控温 + 省时省力”的深层需求。

在团队配合下，推出“智护冲奶精灵”，它集成了红外传感测温（误差为 ±0.5℃）、奶粉浓度智能配比、APP 远程操控功能，3 秒完成冲奶粉全流程。产品上线前通过 50 组家庭内测，用户夜间冲奶粉时间从平均 12 分钟压缩至 28 秒，满意度达 92%。

首月众筹突破 300 万元，用户复购率达 28%（含送礼场景），获红点设计大奖（Red Dot Design Award）。

该案例证明：穿透用户情绪化表达，锁定“高频崩溃场景 + 强付费意愿”痛点，方能将“育儿苦”转化为商业机会。

二、路演凸显维度

（一）核心价值维度：穿透技术表象，直击市场刚需

在创新创业比赛的路演中，核心价值是项目的立身之本，其本质是回答“用户为何非你不可”的终极命题。若将技术参数比作肌肉，核心价值则是打通肌肉与用户痛点的“神经中枢”，需避免陷入“为创新而创新”的陷阱，真正将技术转化为用户可感知的刚性需求。

1. 痛点具象化：场景 + 数据，锚定需求靶心

用户痛点绝非抽象概念，而是藏于具体场景中的“未被满足的呐喊”。例如，某医疗 AI 项目未停留在“辅助诊断”的宽泛描述，而是用“基层医院影像科医生日均读片 200 例，误诊率 12%”的场景，直指基层医疗资源匮乏、诊断精度不足的矛盾，再以“系统误诊率降至 3%”的承诺，将技术价值拆解为“医生每日节省 3 小时无效工作”与“患者误诊率下降 9 个百分点”的双重获益。这一策略的核心在于，将技术参数（如算法准确率）转化为用户可量化的收益（如时间成本、安全成本），让评委直观感受到“技术进步 = 社会价值”。

2. 价值可视化：对比矩阵，让优势一目了然

技术优势若无法被直观感知，便只是团队的“自嗨”。某新能源项目在PPT中设计“红蓝柱状图”，将传统电池“3年续航衰减50%”与自家产品“5年衰减15%”并置，让评委瞬间抓住“使用寿命延长67%”的核心优势。更进一步，可叠加“单公里成本对比”（传统0.5元/km VS 自家0.3元/km），将技术优势转化为“用户5年省下2万元”的经济账。这一策略的精髓在于，用“对比思维”替代“自夸逻辑”，让评委在数据冲突中主动得出“你的产品更优”的结论。

3. 避坑指南：警惕“自嗨式创新”，用三个问题自检价值

许多项目死于“闭门造车”，真正的核心价值需通过三重拷问：

1）用户付费意愿：若用户不愿为功能付费，则需求为伪命题。

2）替代性门槛：若竞品可快速模仿，则技术无壁垒。

3）不可替代性：若用户可退回原有方案，则价值未闭环。

（二）团队执行维度：能力矩阵与资源杠杆的双重验证

1. 能力三角模型：构建核心竞争力壁垒

团队需以“技术深度、商业敏感度、资源整合力”为支点，搭建不可替代的能力三角。技术深度需以专利、实验室数据为支撑，例如某团队展示“3项发明专利覆盖核心算法”“材料寿命突破行业纪录的2万小时”，用硬核成果证明技术壁垒。商业敏感度需通过试错案例展现市场嗅觉，凸显快速迭代能力。资源整合力则需亮出合作方背书，例如“与××大学共建联合实验室”“与头部企业签订千万级意向订单”，用外部资源放大团队势能。

2. 里程碑可视化：用时间轴讲述突破故事

投资人需看到团队从0到1的完整路径。某生物科技团队以时间轴呈现“12个月完成菌株筛选—小试—中试—GMP认证”，并标注关键节点，如“第6个月突破发酵产率瓶颈，较行业平均水平提升40%”，将技术突破转化为可量化的时间价值。这一策略的核心在于，用具体数据证明团队不仅“能做”，更能“高效做”。

3. 风险预判与预案：坦诚短板，展现韧性

真正的团队敢于直面风险。例如某团队坦言“缺乏医疗注册经验”，但已聘请某专家担任顾问；为规避技术迭代风险，预留20%预算用于预研。这种“短板外包＋长板强化”的策略，比空谈“全员全才”更具说服力。

（三）社会价值有可持续性：从短期效益到长期生态

1. ESG价值量化：用数据锚定社会价值

社会价值需从“模糊的情怀”转化为“可验证的成果”。环境效益需以具体指标呈现，如某固废处理项目“年处理垃圾5万吨，减少碳排放2万吨，相当于种植110万棵树的生态贡献”，将技术成果转化为环境改善的具象等价物。社会效益需以群体受益为标尺，如某教育项目展示“服务偏远山区30所学校，学生升学率提升25%”，用教育公平的增量数据证明价值。治理效益则需直击效率痛点，如某政务平台项目证明“审批流程从30天压缩至3天，减少企业跑腿12万次”，将数字化改革量化为营商环境的优化。

2. 价值传导链设计：构建闭环生态，拒绝价值孤岛

社会价值的可持续性依赖于“自我造血”的闭环设计。例如某循环经济项目以“废弃物回收（农户增收）—再生材料生产（企业降本）—绿色产品溢价（消费者买单）—政策补贴返还（反哺前端回收）”为逻辑链，将社会价值转化为经济利益再投入的循环系统。这一模式的关键在于，每个环节既是受益者又是贡献者。例如农户通过垃圾分类增收后，更愿意参与回收网络建设，从而形成“价值创造—价值分配—价值再生产”的螺旋上升。

3. 政策与市场双驱动：以弹性架构应对不确定性

社会价值项目需兼具“政策敏感性”与“市场韧性”。例如某新能源项目既强调“符合‘双碳’目标，享受税收优惠”，又展示“海外订单占比40%，规避政策波动风险”，通过“政策红利+全球市场”的组合策略，确保项目在补贴退坡或技术迭代时仍能存活。这种“双轨制”设计，本质是让社会价值既有政策托底的稳定性，又有市场竞逐的进化力。

社会价值是“种树”而非“摘花”，社会价值的可持续性本质是构建一种“利他即利己”的共生系统。当项目从“短期施舍”转向“长期赋能”，从“资源消耗”转向“价值反哺”，其社会价值便如同深埋地下的根系。只有这样，商业创新才能超越资本逐利的本位，成为推动社会进步的引擎。

（四）路演呈现维度

路演本质是“用几分钟说服评委投资你的未来”，这要求演讲者以信息密度为骨、情感共鸣为魂，构建一场“价值传递与信任建立”的双重叙事。

1. 故事化开场：以痛点切入，唤醒共情

故事是破冰的利器。例如：某助农项目以“老张的苹果烂在地里”开场，将滞销困境具象化为农民的泪水，瞬间抓住评委注意力；某工业软件项目则用“工程师因图样错误导致百万损失”的案例，直击行业效率痛点，为技术必要性铺垫情感基础。故事需避免“平铺直叙”，而应通过细节冲突（如苹果滞销时村民绝望的眼神）引发共鸣。

2. 数据可视化：用图像语言传递价值

枯燥数据需转化为视觉冲击。例如：某材料项目用“传统材料（红线）VS 自家材料（绿线）”的寿命衰减曲线对比，直观证明技术优势；某物流项目展示“配送网络覆盖盲区（红色区域）—优化后覆盖率提升60%”的热力图，让评委一眼看懂商业价值。数据对比需遵循“少即是多”原则，关键指标用放大字体或动画标注，避免信息过载。

3. 互动设计：让评委成为“价值共创者”

互动是打破“单向输出”的密钥。例如：某环保项目主讲人以“您知道每天产生的口罩垃圾能铺满多少个足球场吗？”的悬念提问，引导评委主动思考；某可穿戴设备团队则让评委现场佩戴设备体验心率监测功能，将“技术参数”转化为“身体感知”。互动需自然嵌入流程，避免刻意打断叙事节奏。

4. 节奏控制：用“起承转合”牵引注意力

前3分钟需抛出核心价值（如“解决了困扰行业10年的××问题”），奠定权威性；第10分钟设置情绪峰值（如“已获××巨头千万级订单”），强化信心；结尾用团队口号（如“让每一度电都算数”）升华记忆点。需避免“念PPT式演讲”，如某团队因全程低头读稿被批评“像AI播报”。应与观众眼神交流，关键数据用激光笔同步标注，将信息传递转化为“价值共鸣”。

5. 避坑指南：警惕“技术炫技”，回归人性叙事

路演需以人为中心，而非技术堆砌。例如：某团队因过度强调算法复杂度，被评委质疑“是否能解决实际问题”；而某医疗项目用“让偏远山区患者30分钟内获得专家诊断”的场景化描述，更易打动人心。唯有将技术价值转化为对人类生活的改善，方能赢得资本与社会的双重认可。

6. 加分亮点：差异化竞争

在同质化竞争激烈的市场环境下，企业若想脱颖而出，需借助“人无我有，人有我优”的细节打造记忆锚点，具体策略可从多方面拆解。

（1）技术层面可实现降维打击　一方面是底层创新，以技术突破构建竞争优势。另一

方面是跨界融合，如某农业项目把“区块链 + 卫星遥感”技术应用于产品溯源，有效解决了传统溯源方式中数据易篡改的痛点，为农产品质量安全保驾护航。

（2）模式上大胆创新颠覆传统　如某机器人项目采用“租赁模式 + 云端数据订阅”的方式，大大降低了客户的决策门槛，让产品更易被市场接受。用户共创模式也成效显著，如某潮玩品牌邀请用户参与设计，预售量轻松突破百万件，拉近了与消费者的距离。

（3）资源独占性是坚实壁垒　在专利壁垒方面，某医药项目凭借“全球首个靶向 × × 靶点的药物专利”占据行业制高点。在渠道垄断上，某跨境电商项目独家签约海外 3000 家网红，覆盖 5 亿粉丝，形成强大的渠道优势。

（4）情感溢价也不容忽视　在文化赋能方面，某非遗文创项目讲述“90 后传承人用 AR 复活失传技艺”的故事，赋予产品深厚文化内涵。在价值观共鸣方面，某女性健康项目以“拒绝月经羞耻”引发广泛共鸣，赢得用户认可。不过，要避免“为了差异化而差异化”，如某项目声称“用 AI 写诗”，却未阐明用户需求。差异化需与核心价值紧密关联且可验证。

创新创业类的路演既需要有项目技术、成果和数据等方面的硬通货，也需要有视觉展示、言语表达和内容逻辑等方面的软实力，归根结底是为了让评委快速抓住项目的独特性和可行性。

【实践练习】

1. 若必须让投资人记住一个数据，你选哪个？如何用“视觉化 + 场景化”进行表达？
2. 哪个技术（模式）最具颠覆性？如何用“对比实验 + 用户证言”来证明？

第三节　项目路演演讲稿的撰写

一、路演演讲稿的内容与构成

在商业路演与项目展示的竞技场上，一份逻辑清晰、亮点突出的项目陈述，不仅是展示团队实力与项目潜力的关键窗口，更是吸引评委目光、赢得投资青睐的重要法宝。下面将从开场白、项目主体内容、结尾三个核心板块，深度剖析如何构建一场令人印象深刻的商业路演。

（一）开场白：先声夺人，奠定基调

开场白作为项目展示的第一印象，其重要性不言而喻。一个成功的开场白能在瞬间抓住评委的注意力，为后续内容奠定良好的情感与认知基础。常见的开场形式主要有以下三种：

1. 开门见山式

这种开场方式简洁明了，直接切入主题。团队成员需在短时间内清晰介绍团队名称、自身身份、项目名称以及核心定位。例如：“我是 × × 团队的 × ×，来自 × × 大学，今天带来 × × 项目。我们的项目聚焦于 [具体领域]，致力于解决 [特定问题]，为 [目标客户群体] 提供 [独特价值]。”这种开门见山的介绍，能让评委迅速了解项目的基本信息，适合时间紧张或需要直接展示专业性的场合。

2. 悬念式

悬念式开场通过巧妙设置问题、描述神秘场景或提及引人深思的现象，引发评委的好奇心，使其主动跟随演讲者的思路深入探究。比如：“请和我一起将目光投向太空，在浩瀚宇宙中，有一项技术难题正阻碍着人类探索的脚步，而我们的项目，正是破解这一难题的关键

钥匙。”这种开场方式能够迅速调动评委的情绪，但需注意悬念的设置要与项目紧密相关，避免过于空泛或离题。

3. 故事/数据式

以数据或案例切入痛点，能够增强开场白的真实性和说服力。例如：“××权威报告显示，在［行业名称］领域，目前面临着［具体问题］，导致［负面后果］。这一数据背后，是无数企业与消费者的困扰，而我们的项目，正是为解决这一痛点而生。”通过具体的数据和案例，让评委直观感受到问题的严重性和项目的重要性，为后续的解决方案介绍做好铺垫。

（二）项目主体内容：条分缕析，展现价值

项目主体内容是路演的核心部分，需从多个维度全面、深入地展示项目的优势与潜力。

1. 市场痛点与行业背景

在这一部分，要遵循“行业现状—需求缺口—痛点的紧迫性—项目解决方案的价值”这一逻辑链条进行阐述。首先，通过引用权威报告数据，客观呈现行业的发展现状与趋势，如市场规模、增长率等。接着，分析当前市场未能满足的需求，即需求缺口。随后，强调这些痛点给行业、企业或消费者带来的紧迫影响，引发评委的共鸣。最后，引出项目的解决方案，突出其能够填补需求缺口、解决痛点的独特价值。

2. 产品或服务介绍

在核心功能方面，要突出产品的创新性、实用性与技术壁垒，详细介绍产品或服务能够为用户解决哪些实际问题，带来哪些独特的体验和价值。例如：“我们全球首创的××技术，采用［独特原理］，能够在［特定场景］下实现［具体功能］，效率提升300%，远超市场同类产品。”在技术优势部分，强调自主研发能力、专利布局情况以及与竞品的对比优势。比如：“我们的研发团队经过多年努力，拥有×项核心专利，这些专利技术使得我们的产品成本仅为竞品的50%，在市场上具有明显的竞争优势。”

3. 商业模式与盈利分析

在运营模式上，要清晰阐述客户定位、盈利来源和渠道策略，明确目标客户群体是谁，如何满足他们的需求，以及通过哪些渠道实现产品或服务的销售和推广。例如：“我们以试剂盒销售为主，仪器为辅，结合学术推广与直销的方式，覆盖医院、科研机构等主要客户群体。”在财务数据方面，呈现营收现状、融资需求和未来3~5年的预测数据，让评委了解项目的财务健康状况和发展潜力。例如：“目前，我们已获得××集团的融资，计划释放×%股权融资××万元，用于［具体用途］。预计在未来3年内，我们的营收将实现［具体增长率］，5年内达到［具体金额］。”

4. 团队与资源

在团队构成部分，介绍核心成员的背景、技术专家和顾问团队，突出团队成员的专业技能、行业经验和过往成就，增强评委对团队实力的信任。例如：“我们的联合创始人为国际知名科学家，在［相关领域］拥有［具体年限］的研究经验，团队曾获得××奖项，具备强大的研发和创新能力。”在资源整合方面，说明校企合作、政府支持以及产业链资源等优势，展示项目在资源获取和整合方面的能力。

5. 社会价值与未来规划

在社会贡献部分，阐述项目在就业带动、环保效益、教育支持等方面的积极影响，体现项目的社会责任感。在战略目标方面，制定短期里程碑和长期愿景，让评委看到项目的发展方向和潜力。例如：“我们的项目预计在未来3年内覆盖全国市场，创造［具体数量］个就业岗位；5年内实现技术出海，为全球［相关领域］的发展做出贡献。”

（三）结尾：画龙点睛，完美收官

结尾部分要总结项目亮点，用简洁有力的一句话强调项目的核心优势，例如："通过××技术，我们为行业带来革命性变革。"同时，以礼貌的方式致谢，并预留互动空间，鼓励评委提问交流，为路演画上圆满的句号。

【案例 8-3】

智慧农业"虫口夺粮"项目"黄金 30 秒"讲稿设计

"各位评委，您是否见过这样的场景：陕西果农老张凌晨 4 点打着手电巡查果园，发现 30% 苹果被虫蛀，而隔壁村用农药的果园虽无虫眼，但农药残留超标 5 倍，果价腰斩！我们团队用 3 年时间，在 27 个果园埋下'电子哨兵'，通过 AI 声纹 + 光谱识别，让虫害预警比人工快 72 小时，农药用量降 60%，苹果糖度反而提升 2 度，今年已帮 300 农户增收 40%！"

用"老张""王姐"等农户形象替代抽象数据，将痛点具象化，引发评委和听众共情。通过"声纹""光谱"等陌生词汇和"72 小时""60%"等对比数据，平衡专业性与通俗性。

二、路演演讲稿的撰写技巧

（一）结构布局：总—分—总，精准对应 PPT

遵循"总—分—总"的结构，让项目展示层次分明、条理清晰。开场是路演的"门面"，需迅速抓住评委眼球。开门见山式开场简洁明了地介绍团队、项目名称与核心定位，让评委对项目有初步认知。悬念式开场能激发评委好奇心，例如："想象一下，未来出行不再受堵车困扰，这一愿景如何实现？今天我们的项目将给出答案。"故事/数据式开场则通过真实案例或权威数据切入痛点，引发共鸣，例如："某权威机构报告显示，每年因数据安全漏洞给企业造成的损失高达数十亿元，我们的项目正是为此而来。"此部分要与 PPT 首页紧密对应，快速建立第一印象。

中间分述是核心内容，涵盖市场痛点、解决方案、商业模式、团队与规划四大板块，需与 PPT 后续页面一一对应。在市场痛点板块，从行业现状出发，深入剖析需求缺口与痛点的紧迫性，引用权威报告数据增强说服力，如"生态环境部数据显示，某地区空气质量超标天数逐年递增，传统治理手段成效有限"，让评委清晰认识到问题的严重性。在解决方案板块，重点阐述产品或服务的核心功能与技术优势，通过差异化对比凸显竞争力，如"我们拥有×项核心专利，产品处理效率比竞品提升 30%，成本降低 40%"，使评委看到项目的独特价值。在商业模式板块，清晰呈现客户定位、盈利来源与渠道策略，结合营收现状、融资需求及未来预测，用数据说话，如"目前项目已实现年营收××万元，计划融资××万元用于扩大生产，预计未来 3 年营收年增长率达 50%"。在团队与规划板块，介绍核心成员背景、资源整合情况，阐述社会贡献与战略目标，若有政府背书，如政策支持、政府投资或独家授权等，更是项目的重要加分项。

结尾总括是对项目的升华，可用一句简洁有力的话总结核心优势，如"凭借创新技术与高效模式，我们为行业带来变革性解决方案"，同时礼貌致谢，预留互动空间，让评委感受到团队的自信与开放。

（二）时间把控：合理分配，突出重点

在时间分配上，市场痛点占20%，旨在让评委充分了解项目背景与必要性；解决方案占30%，作为核心亮点，需详细阐述以展现项目价值；商业模式占20%，说明项目的盈利逻辑与可持续发展性；团队与规划占30%，体现团队的实力与项目的长远愿景。合理的时间分配能确保重点突出，避免头重脚轻或平均用力。

（三）亮点提炼：权威背书，数据为王

项目亮点是吸引评委的关键。政府背书能提升项目的权威性与可信度，如政策支持为项目发展提供保障，政府投资体现项目的潜力。数据支撑是说服力的源泉，用户增长数据、营收数据、专利数量等能直观反映项目的成果与发展潜力。差异化对比让项目优势一目了然，通过与竞品在性能、成本、技术参数等方面的对比，凸显项目的竞争力。

（四）语言表达：口语生动，引发共鸣

语言表达要避免复杂术语，应采用口语化方式，用故事或场景描述痛点，如“想象一下，当您在重要会议中，因计算机死机丢失关键文件，那种焦虑与无助……”让评委感同身受。通过实际案例引发情感共鸣，如“我们的项目帮助某贫困地区农民通过电商销售农产品，实现户均增收××万元”，让评委看到项目的社会价值。

【实践练习】

1. 根据项目内容，结合评分规则写一篇6~8分钟的项目路演演讲稿（每分钟120~140字）。

2. 对标评分细则与分数占比，详细构思路演演讲稿的内容，由项目成员扮演评委角色进行打分。

第四节　项目路演答辩模拟演练

一、模拟演练的内容

（一）陈述与答辩双环节：逻辑与应变并重

陈述环节需在5~8分钟内完成从开场到结尾的精彩演绎。开场承担着吸引评委注意力的重任，可采用“数据悬念式”或“痛点故事式”切入，引发评委兴趣，如“全球每年因××问题损失超××亿元，我们的技术将彻底改变这一现状”。开场须以震撼的数据或贴近生活的痛点场景，迅速将评委带入项目情境。

主体部分是陈述的核心，需依循“痛点—解决方案—技术—成果—规划”的清晰逻辑展开。以某金奖项目为例，先用1分钟精准描述水质监测行业痛点，如“传统水质监测设备精度低、成本高，无法满足实时监测需求”，让评委深刻认识到问题的紧迫性；再用2分钟详细展示自主研发的光电材料技术，通过原理图、对比实验数据等方式，凸显技术的创新性；然后再用1分钟呈现市场验证数据，如“已在××地区试点应用，监测准确率提升50%，成本降低30%”，用实际成果证明项目的可行性。各部分时间分配合理，重点突出，使评委能快速把握项目全貌。

结尾要强调社会价值与团队愿景，给评委留下深刻印象。如“我们的目标是用××技术赋能乡村振兴，未来3年覆盖全国10万农户”，将项目与宏大的社会目标相结合，展现团队的使命感与责任感，激发评委的情感共鸣。

答辩环节则是检验团队应变能力的“考场”，时间为3~5分钟。团队需提前预设

高频问题库，涵盖技术壁垒、竞品对比、财务模型等关键领域。模拟演练是提升答辩能力的有效途径。邀请导师或往届评委模拟提问，团队成员分工扮演“提问者”与“答辩者”。在演练过程中，重点训练临场应变与逻辑表达能力，要求答辩者回答时条理清晰、言简意赅，避免答非所问或长篇大论。同时，通过多次模拟，熟悉不同类型问题的回答思路，增强自信心。

（二）PPT 与讲稿适配性：逻辑与视觉协同发力

内容适配原则是 PPT 与讲稿契合的基石，需遵循“一页一核心”原则，确保每页 PPT 仅呈现一个核心信息。例如，技术优势部分聚焦展示“全球首创 × × 算法，效率提升 300%”，搭配对比柱状图，直观呈现算法优势，让评委一眼抓住重点。

数据与案例支撑是增强说服力的关键。市场痛点部分引用权威数据，如《2024 年行业白皮书》显示“行业用户满意度仅为 60%，主要痛点在于 × ×”，并辅以合作企业的应用案例截图，如“与 × × 企业合作后，其生产效率提升 25%”，用真实数据和案例证明问题的普遍性与严重性。

（三）时间控制与节奏把控：精准到秒的精细管理

分段计时法是实现时间精准控制的有效方法。将陈述时间拆解为痛点分析、解决方案、成果展示、发展规划等模块，并明确各模块时长与内容要点。痛点分析 1 分钟，通过行业数据和用户案例阐述问题；解决方案 2 分钟，介绍技术原理和专利对比；成果展示 1 分钟，呈现营收数据和合作客户；发展规划 1 分钟，说明里程碑和融资需求；剩余时间用于开场与收尾。

语速控制对时间把控至关重要。根据 120 ~ 140 字/分钟标准调整稿件字数，录制演练视频，逐句优化停顿与重音。在强调核心优势时，可适当放慢语速、加重语气，如“我们的核心技术，全球领先，无可替代”，以增强表达效果。

互动节奏设计能提升展示的吸引力。在技术优势部分插入“为什么我们的成本仅为竞品 50%？”的提问式标题，引发评委好奇心，引导其关注核心创新点。在成果展示部分加入用户感谢视频（10 ~ 15 秒），视频中用户分享使用项目产品后的良好体验，用情感共鸣强化项目价值。在答辩预判方面，可在 PPT 最后一页预留“常见问题”提示卡，如融资计划、风险应对等，辅助答辩环节快速响应，确保答辩过程流畅。

【案例 8-4】

银发助浴机器人项目答辩“教科书级”逆袭

案例：团队研发的智能助浴机器人因“养老赛道冷门”在初赛仅获中游评分，但答辩环节凭借“魔鬼级”准备实现口碑逆转。

1. 预判质疑，数据筑墙

针对评委“需求伪命题”质疑，团队亮出三甲医院联合调研数据：60 岁以上失能老人跌倒风险中 83% 发生在浴室，助浴服务缺口超 200 万人次/年。更在现场播放养老院实测视频，结果显示传统人工助浴需 3 人耗时 40 分钟，机器人仅 1 人操作 15 分钟完成，老人皮肤褶皱清洁度提升 40%（红外检测仪对比图佐证）。

2. 痛点场景化，击穿共情

当被问“如何让老人接受机器人”时，主讲人播放用户王奶奶录音：“子女不敢碰我的褥疮伤口，机器不会嫌弃。”配合 APP 后台数据（单日使用频次超 3 次/老人的高黏性），让“尊严养老”价值具象化。

3. 主动抛钩，资源变现

在答辩尾声抛出“招募30家养老机构共建适老化数据库”计划，承诺共享跌倒预警算法专利，当场获2家国资背景投资机构约谈，最终以技术壁垒、商业价值、社会效益三重优势斩获全场最高分。

4. 核心逻辑

将投资人顾虑转化为“需求真刚需、技术可感知、合作有想象”的立体证据链，用“超纲准备”将答辩场变成资源对接会。

二、典型的答辩问题

（一）答题技巧：精准满足评委潜在需求

1. 60分回答：直击问题核心

针对评委提出的问题，直接给出准确答案，做到问什么答什么。例如，评委问：“项目预计何时实现盈利?”可直接回答：“我们预计在项目运营的第×年实现盈利，主要基于以下收入来源和成本控制措施……”这种回答方式简洁高效，但相对缺乏深度。

2. 80分回答：答案与知识科普并重

在给出答案的同时，为评委科普相关行业知识，传递评委可能不了解的信息。当评委询问项目所采用的新技术原理时，不仅回答技术应用情况，还深入解释技术背后的科学原理、行业应用现状及发展趋势。还可运用SWOT分析框架、STAR法则详细描述团队成员在过往经历中与项目相关的关键事件，增强回答的可信度。通过这种方式，展现团队对行业的深入了解和专业素养。

3. 90分回答：价值、知识与答案三位一体

在80分回答的基础上，进一步反推评委提问意图，精准满足评委未明说的需求，突出项目的职业价值。例如评委询问项目在市场推广方面的策略，回答时可先阐述策略内容，再结合行业知识分析策略的合理性与创新性，最后强调项目对行业发展的推动作用以及团队的社会责任感。例如：“我们的市场推广策略是采用线上线下相结合的方式，线上通过社交媒体、行业论坛等渠道进行品牌宣传和产品推广，线下积极参加各类行业展会、研讨会，与潜在客户进行面对面交流。从行业角度来看，这种策略能够充分利用互联网的传播优势，扩大品牌影响力，同时通过线下活动建立深度合作关系。我们深知这个项目不仅是为了商业盈利，更是为了推动行业的技术进步和创新发展，为解决社会问题贡献力量，这也是我们团队始终坚持的初心。”

（二）不同类型问题及答法：精准应对，展现专业实力

1. 验证性问题：确保信息真实准确

这类问题主要针对PPT展示内容和路演演讲稿进行提问，旨在验证信息的真实性。

（1）数据与模型验证　对于PPT中出现的数据和模型，要确保其准确性和权威性。如涉及技术参数，需说明数据来源和测试方法；若运用模型，要介绍模型出处和应用场景。例如，评委对PPT中的市场预测数据提出疑问，可回答：“这些市场预测数据来源于权威的行业研究机构发布的报告，我们结合项目的特点和市场趋势进行了综合分析和调整，确保数据的科学性和可靠性。”

（2）专利相关问题　熟悉专利申报流程、专利挖掘方法和审查内容。对于多个专利，要清晰阐述专利布局策略。如评委询问专利的创新点，可详细说明：“我们的发明专利在技

术原理、应用场景等方面具有显著创新。与传统技术相比，它解决了……问题，提高了……性能，具有更高的实用价值和市场竞争力。在专利布局上，我们围绕核心技术进行了全面覆盖，形成了一个完整的专利保护体系。”

（3）项目参与情况　清晰阐述在导师项目和团队项目中的作用，通过结项或获奖排名、任务分工图表等具体说明，展现技术核心地位。

（4）文案用词谨慎　对于文案中使用的极限用词，如最好、最佳等，要保持谨慎态度，姿态应放低，避免夸大其词。

2. 细节问题：展现专业深度，把握行业特质

通过细节问题验证规划科学性和材料真实性。

（1）经历细节　运用 STAR 法则或行业语言陈述关键事件经历。如运用 STAR 法则描述参加行业竞赛的经历：“在［具体时间］参加的［竞赛名称］中（情境），我们的任务是开发一款具有创新性的［产品名称］（任务）。我带领团队成员进行了市场调研、技术方案设计和产品开发（行动），最终我们的产品在竞赛中获得了［奖项名称］，得到了评委的高度评价（结果）。”

（2）材料细节　熟悉获奖证书、甘特图等材料的具体细节，确保回答准确无误。如评委询问获奖证书的排名和落款，要清晰说明。

3. 热点问题：紧跟行业动态，展现前瞻思维

（1）行业热点　阐述项目与 AI 运用、传统行业智能化改造等热点的结合点及应对策略。例如，评委询问项目如何应对 AI 技术对行业的影响，可回答：“AI 技术为我们的项目带来了新的发展机遇，我们将积极引入 AI 技术，如利用 AI 算法进行数据分析和预测，提高决策的科学性和准确性；同时，也会关注 AI 技术可能带来的挑战，如数据安全和隐私保护问题，加强技术研发和管理措施，确保项目的可持续发展。”

（2）社会热点　分析网购维权、快递行业新规等热点对项目的影响及应对方法。如针对快递行业新规，说明项目在物流配送环节如何进行调整和优化，以满足新规要求，提升用户体验。

【实践练习】

1. 根据项目路演 PPT 内容，列出评委或投资者可能针对你的项目提出的 10 个常见问题，如“你们的技术壁垒是什么？”“市场竞争这么激烈，你们如何脱颖而出？”“项目的盈利周期预计是多久？”等，准备详细、清晰的回答，并进行模拟问答。

2. 团队进行模拟问答演练计时，每个问题的答题时间控制在 90 秒左右。

参考文献

[1] 尚志平．职业指导与创业教育［M］．北京：高等教育出版社，2010.
[2] 唐宏伟．我要当老板［M］．北京：企业管理出版社，2010.
[3] 高媛．中小企业成败案例［M］．北京：企业管理出版社，1999.
[4] 陈德智．创业管理［M］．北京：清华大学出版社，2001.
[5] 李丹．创业的智慧［M］．北京：北京工业大学出版社，2014.
[6] 英涛．第一桶金：改变命运的 68 个创业传奇［M］．北京：中国纺织出版社，2009.
[7] 郭金玫，珠兰．大学生创新创业基础［M］．上海：上海交通大学出版社，2017.
[8] 徐小洲，梅伟惠．创业概论［M］．2 版．北京：教育科学出版社，2023.
[9] 单林波．大学生创新创业思维与方法研究［M］．北京：中国商务出版社，2020.
[10] 钟宇，胡俊岩．大学生创新创业基础［M］．北京：北京理工大学出版社，2020.
[11] 张莉．创业的七个维度探究［M］．北京：九州出版社，2020.
[12] 吉家文，李转风．创新创业基础［M］．北京：高等教育出版社，2021.
[13] 彭晓兰．大学生创新创业案例与实务［M］．北京：高等教育出版社，2020.
[14] 汤锐华．大学生创新创业基础：配实训手册［M］．2 版．北京：高等教育出版社，2019.
[15] 张汝山．大学生创新创业教育［M］．北京：高等教育出版社，2020.
[16] 宋京双．大学生创新创业教育“金课”教程［M］．北京：清华大学出版社，2021.
[17] 张佳铮．国家重点产业政策对大学生创新创业的影响分析［J］．海峡科技与产业，2022，35（10）：56-68.
[18] 侯俊华，彭珍．基于政策工具视角大学生创新创业政策的评价研究［J］．新余学院学报，2022，27（2）：45-51.